U0066558

打造0～3歲寶寶的溝通語言能力

讀寫萌發、社交溝通、語言遊戲

黃瑞珍、鄭子安、李卉棋、黃艾萱、林姵妏 ——— 著

張簡育珊、廖國翔 ——— 繪圖

心理出版社

目次

貳、與人群接軌：寶寶的社交溝通／55

參、與快樂接軌：寶寶的溝通語言遊戲／111

註：出現於文字右上角的紅色數字，代表所引用的文獻，請參見第 159～163 頁。

作者簡介

黃瑞珍

學歷：美國奧瑞岡大學語言治療哲學博士

經歷：台北市立大學特殊教育學系暨語言治療碩士學位學程副教授兼主任

著作：《優質 IEP：以特教學生需求為本位的設計與目標管理》

《華語兒童語言樣本分析：使用手冊》（CLSA）

《華語兒童口腔動作檢核表》（OMAC）

《零歲至三歲華語嬰幼兒溝通及語言篩檢測驗》（CLST）

《華語兒童理解與表達詞彙測驗》（REVT）

《華語學齡兒童溝通及語言能力測驗》（TCLA）

《開啟 0～3 歲寶寶的溝通語言天賦：語言治療師說給你聽》

《打造 0～3 歲寶寶的溝通語言能力：讀寫萌發、社交溝通、語言遊戲》

（皆為合著）

榮譽：台灣第一屆師鐸獎

台灣聽力語言學會學術貢獻獎

行政院國家科學委員會最佳學術研究獎

國家第一等服務勳章

鄭子安

學歷：台北市立大學語言治療碩士學位學程

經歷：宏恩醫院語言治療師

台北市立聯合醫院早期療育發展評估中心語言治療師

台北市學校巡迴語言治療師

台北護理健康大學語言治療與聽力學系兼任講師

執照：台灣專技高考語言治療師考試及格

現職：台北護理健康大學語言治療與聽力學系聽語中心臨床督導

李卉棋
學歷：台北市立大學語言治療碩士學位學程
執照：台灣專技高考語言治療師考試及格
現職：台北市立吳興國小資源班特教教師

黃艾萱
學歷：台北市立大學語言治療碩士學位學程
經歷：苗栗縣立苗栗國中特教班特教教師
執照：台灣專技高考語言治療師考試及格
現職：苗栗縣立公館國中資源班特教教師

林姵妡
學歷：美國俄亥俄州辛辛那提大學語言治療碩士
經歷：美國加州蒙特雷學區學校語言治療師
執照：美國語言治療師（CCC-SLP）
　　　台灣專技高考語言治療師考試及格
　　　特教學校（班）國民小學身心障礙組教師資格
現職：馬偕醫學院聽力暨語言治療學系聽語中心督導

推薦序

打造親子間共享的學習天地

當代的發展心理學家 M. Tomasello 對語言習得的機制，提出學用合一理論（usage-based theory），說明我們在學習語言的過程中，有兩種認知技能：一種是意圖判讀（intention reading），另一種則是規則發現（pattern finding）。前者指稱的是兒童在學習語言的過程中，必須判斷大人說話的意圖目的，以達成社交功能，而這又建基在文化的基礎下，因此是一種語用意向的判斷；後者則是兒童在學習語言的過程中，必須從他人的用詞上，擷取抽象的結構規則或是語意基模，換句話說，這是一種追蹤規則的判斷。這樣的觀點不同於過往 Chomsky 的先天論，認為人類天生即擁有一套語言的基本知識及規則，只是在學習的過程中，規則的參數會隨之調整。但學用合一的觀點則不同意語言的基本知識來自於內建，而強調基於溝通的社會需求，兒童重複地在社會文化環境的刺激下，逐漸浮現與建立語言的能力。依此觀點，發展中的嬰幼兒如何在充滿各種社會交流的環境中來逐步學習，就是這個論點所關注的焦點。

我個人在閱讀這本書的過程中，上述觀點就不斷地浮現在腦海，語言習得的過程中，如何在親子互動時，讓嬰幼兒能理解意圖，也能共享意圖；同時，當家長能設計好記又好玩的方法時，嬰幼兒自然也容易理解與類化語言規則，進而適當的學習表達。當然，這樣的學習機制又涉及 Vygotsky 所主張的社會建構觀點，綜合這樣的理論觀點，大略可以把學習語言、社交溝通、遊戲以及讀寫等能力的機制都串在一起了。

這本書是繼前一本《開啟 0～3 歲寶寶的溝通語言天賦：語言治療師說給你聽》之後的第二本書，名為《打造 0～3 歲寶寶的溝通語言能力：讀寫萌發、社交溝通、語言遊戲》。作者群是由資深的語言治療學家黃瑞珍教授

領軍，帶領四位年輕的語言治療師之著作，他們融合了當代發展心理學中實證科學的文獻資料，用流暢的文字，相當專業的對家長提出 3 歲前嬰幼兒在閱讀、社交溝通、遊戲及語言發展的典型過程，並以各種生活及遊戲範例穿插其中，來引導家長用有趣、好玩，又循序漸進的方式，來促進孩子的成長。我想這本書不僅是對典型發展中孩子的家長會帶來助益，對非典型發展孩子的家長也十分受用。更進一步說，我認為這本書對從事幼教、特教、甚至所有早期療育的專業人員來說，都是相當好的參考書。感謝黃教授帶領的作者群，為台灣寫出這樣有紮實理論基礎，易讀又充滿創意的實用書，期待未來有更多的讀者受惠。

姜忠信
政治大學心理學系教授

作者序

　　2020 年夏天，我們 PK TALK（Parents and Kids Talk，親子對話，用心溝通）團隊出版了第一本 0～3 歲寶寶的書：《開啟 0～3 歲寶寶的溝通語言天賦：語言治療師說給你聽》，感謝許許多多人的支持與使用。接續第一本偏重溝通語言發展里程碑，以及父母經常發問的問題，第二本為大家提供的是「如何打造寶寶的溝通語言能力」，主要內容包含寶寶溝通語言日常活動的三大領域：讀寫萌發、社交溝通、語言遊戲，每個領域提供寶寶發展的階段，方便父母了解寶寶的現況。全書亦採用 Q&A 方式，列出父母常見的問題，接著提供簡單易懂、容易操作的技巧，協助父母打造寶寶的溝通語言能力。本書整合國內外文獻的科學證據之結果及參考文獻，方便有興趣的讀者可以取得更多訊息。以下簡要說明各個領域之重點。

・讀寫萌發：與世界接軌

　　「讀」與「寫」的能力需藉由與**符號、文字、文本**的接觸，同時大量仰賴環境中有人能提供讀寫的環境，點點滴滴刻意學習，方能學習特定的符號文字系統。學者發現，早在兒童還沒接受正式教育前，其實他們就已經從生活中累積大量與讀寫相關的知識，也會主動嘗試閱讀與塗鴉式書寫，且自然地發展出對語言及文字的興趣。他們經歷生活中**聽、說、讀、寫**的刺激，而又需要刻意教導，這是兒童邁向成長與社會的重要能力；這段讀寫啟蒙的過程即稱為讀寫萌發（emergent reading）。

・社交溝通：與人群接軌

　　社交溝通（social communication）指的是，適切地使用語言溝通與非語言溝通的技巧，進而影響與他人社會互動的效能。優質的社交溝通不僅僅是要會說話，還要會互動，更要符合當下社會的社交規範與習慣。因此，社交

溝通能力好的人在與他人說話互動時，會看場合、臉色與時機；反之，社交溝通不良的人容易出現說錯話、會錯意、離題等狀況，被描述成不禮貌或搞不清楚狀況且很白目的人。近代有許多研究強調兒時社交溝通發展的重要性，因為它會影響寶寶未來**人際互動、社會適應、與他人合作**等重要技巧。因此，父母在養育寶寶時，要更注意寶寶社交溝通的均衡發展與方向。

• 溝通語言遊戲：與快樂接軌

寶寶在小團體中很會玩遊戲或是能夠自處與自己玩遊戲，是一件不容易的技巧。遊戲指的是讓人覺得有趣，會獲得快樂的活動，因此遊戲的能力可視為早期認知、社會技巧、溝通及語言發展的統整表現。在遊戲中，寶寶可以展現與別人如何連結、如何互動，且可以自然展現出肢體、認知和情緒的發展，更可以看到寶寶如何發揮想像力。寶寶玩得愈好，愈會玩遊戲，就能**推估寶寶的認知功能、社會互動技巧、溝通能力及語言發展就愈好，可見愈會玩的寶寶，其學習能力更佳**！例如：躲貓貓是嬰幼兒喜歡的遊戲之一，它一定要一對一的互動，有明確的對象，不需要任何昂貴材料，只需要父母專注的參與，付出寶貴的時間給寶寶。我們相信躲貓貓可以改變孩子的世界。

• 謝誌

這本書從醞釀內容綱要到完稿大約經過了四年多，期間每週二晚上的會議成為團隊夥伴們固定的聚集交流時刻。因著大家支持的第一本書，讓團隊有走下去的動力。看到心理林總編寄來的完稿，內心滿滿的悸動，不敢相信怎麼能夠寫出這麼好的內容。要感謝的人真的很多，首先就是我們 PK TALK 團隊的五人組，我們深刻體會一個人做不到，兩個人做不來，三個人還嫌少，四個人仍不夠，五個人剛剛好，缺一不可，各司其職。

在疫情開始的前幾年，我們組了一個語言治療讀書會，每個月固定的聚會，精讀國內外的文獻，因此這本書的許多內容都來自於這個讀書會。感謝

張淑品、潘曉嵐、林美君三年多的參與，沒有你們的付出，這本書不會如此精彩。感謝兩位研究生黃冠寧、鄧海莉，他們的實證研究補足本書的臨床可用性。感謝專業插圖設計與繪圖者廖國翔語言治療師與張簡育珊插畫家，因著活潑生動的表現，使內容充滿了情境，增添易讀性。更感謝上一本書風格設計的呂英菖藝術家，持續為這本書操刀，從開啟到打造，滿滿的連貫性。

此外，本書有六位在兒童語言領域深具專業的學者與實務工作者幫我們推薦。首先是為台灣語言治療書寫第一本教科書的林寶貴教授，帶領許多治療師探索進入這個領域。寶貴教授一生奉獻給語言治療與特殊教育，豐富的研究、謙卑的態度令人敬佩。接著是開啟台灣語言治療資深的盛華教授，她在國內語言治療耕耘近四十年，現任亞洲大學聽語學系系主任，深具臨床與專業的背景。接著是台北教育大學特殊教育學系錡寶香教授，她的兒童語言發展與治療的教科書深獲各界好評。還有就是曾服務於長庚醫院兒童心智科的吳佑佑醫師，目前是宇寧身心診所負責人，他對各類發展遲緩兒童的專業評估與建議，在國內首屈一指。還有政治大學心理學系姜忠信教授，他為數可觀的兒童發展與療育研究，幫助許多臨床工作者找到合適的方法。最後，還要感謝語言治療師公會全國聯合會陳怡仁理事長為我們推薦。因為有你們的長期支持與鼓勵，成為我們努力的動力，一起來將語言發展專業知識，傳播給一般的父母與家庭照顧者，以及特殊需求兒童的父母與專業人員，如語言治療師、職能治療師、心理師、早療工作者等。

除此之外，也要感謝我的三個小孫兒：5 歲半的 Ellie、3 歲的 Evan、半歲的 Oliver，在陪伴他們的成長過程中，試驗了本書的許多技巧，更享受溫馨互動中的樂趣，驗證「不必打，不必罵」、正向的互動，孩子可以快樂學習、參與活動，打造溝通語言能力。另外還有本書最重要的美學化妝師，就是心理出版社林敬堯總編輯，感謝他的細心、耐心與專業，將內容排列得圖文並茂且易讀。最後，更感謝本書智慧與能力的供應者，我深信且信靠的主基督耶穌，祂總是知道我們的需要，適時遇見祂派來的天使，提供我們的協助，將一切榮耀讚美歸給祂。

瑞珍

溝通語言能力是天賦，但更需要後天慢慢雕琢才能發光。這本書是溝通魔法系列的第二本，我們專注於如何在寶寶的日常生活中培養溝通語言能力，而背後的想法並不僅僅是提供打造寶寶的溝通語言能力之實際步驟與方法，更期望讓讀者自己再次體驗「停、看、聽」的重要，學習如何觀察、等待、聆聽自己與孩子內心的聲音，從一次次的互動中，發現孩子自由運用語言、享受溝通之樂的神情。

　　誠摯感謝 PK TALK 瑞珍老師與相挺的好夥伴們，我們一直謹記「親子對話，用心溝通」的初衷，一起打造良好的溝通環境，期望優質的溝通能帶給孩子滿滿的幸福感；也感謝我的老師們與服務的家庭，讓這本書注入了許多實際的觀點與活動點子；感謝書籍合作夥伴：藝術家小巴、插畫家國翔與育珊，以及心理出版社林總編，視覺藝術讓書籍有了豐富的溝通意象。最後，感謝我的家人與摯友，你們的愛讓我有勇氣繼續前行。

子安

　　這本書真的是慢慢寫出來的。感謝黃瑞珍教授的帶領，PK TALK（慢寫）團隊將最經典雋永的內容，以最完整的樣貌獻給所有 0～3 歲寶寶的父母，以及相關專業工作者。我將學理作為根基，以第一個孩子的教養經驗來草擬粗胚，再用第二個孩子反覆驗證。在本書出版之前，疫情有了變化，臨時停課停班四個月，讓我可以再次確認，一次帶兩個孩子時，這些溝通的理論與遊戲內容是否仍然實用。疫情讓我們的生活慢了下來，但卻看到最真實、最需要的部分。

　　感謝心理出版社團隊細心的協助校稿與製圖，也感謝老友藝術家小巴，給予我們充滿童趣的視覺效果。小巴對於美的信仰，就如同 PK TALK 團隊對於寶寶溝通理念的堅持，以及心理出版社對於品質的要求，我們大家都是築夢者。

卉棋

第二本書誕生了。在黃瑞珍老師以及團隊成員子安、卉棋、姵妡的積極之下，我們又完成了一個階段性任務。我們每一個人都有工作在身，每週利用時間線上會議，進行專題的討論與研討，極盡可能的將專業知識簡單化、通識化，以便提供給家長、治療師等所有需要這本書籍的對象最理想的閱讀模式。

　　要感謝在這過程中從不離棄的每一個夥伴，要謝謝心理出版社與我們不停的溝通、討論，只為了讓作品更加完善。要感謝我們的家人，沒有你們的支持，我們無法堅持到現在。謹以此書，獻給每一個為寶寶溝通發展努力的人！

艾萱

　　在上一本書出版前，團隊夥伴們已經開始醞釀下一本書的內容。就如同嫩芽慢慢透出泥土，更新的理論基礎如同溫暖的陽光再次灌溉大家多年的臨床經驗，最後透過每週會議中層層修剪。中間雖經歷了疫情最嚴峻的黑暗期，大家在工作、家庭間分身乏術之餘，仍不減熱情努力寫作、分享新知到臉書粉專，才能將這本書生出來，分享給華語的家庭及有興趣的讀者們。感謝 PK TALK 的大家，總是讓我盡情發揮創作。也再次謝謝藝術家小巴、林總編、國翔學長和育珊，從之前培養的默契讓這次的討論更為順利。還有總是無條件支持我的家人，每當我卡關時，陪我聊天放空紓壓。最後的最後，要謝謝選擇這本書的您，希望這本書可以給您們滿滿的收穫！

姵妡

壹、與世界接軌：
寶寶的讀寫萌發

 前言

　　良好的讀寫技巧是身處 21 世紀的人們所需具備之關鍵核心能力，擁有良好讀寫能力的孩子長大後，可以有效的從書籍、雜誌、網站或其他媒介中，精確的抓取必要訊息，並做有效的分析、思考與表達，在未來學習上會占有較佳的優勢。

　　美國國家科學研究委員會[1]指出，幼兒入學前的讀寫萌發技巧與未來正式的讀寫能力息息相關。那麼在入學前、甚至更早在 0～3 歲寶寶時期，父母可以為寶寶做些什麼呢？以下將舉出近年科學研究結果，讓父母了解孩子讀寫發展的過程，並教導父母如何引導寶寶累積早期閱讀書寫的正向經驗與能力，使其順利讀寫萌發，成功邁向未來獨立讀寫之道路。

1.什麼是讀寫萌發？

　　根據聯合國教科文組織（UNESCO）於 2016 年的調查，在過去 50 年中，全球識字率持續穩定上升，全世界成人的識字率已達到 86%，此顯示文字的普及性。但是，在世界的某些角落，仍有 7.5 億的成人是文盲，缺乏基本的讀寫技能，例如：西非和中非的一些國家，其青年的識字率不到 50%。這個現象顯示：「聽」與「說」的能力是人類可以在成長環境中藉由和父母、手足與同伴之互動而自然學會，但唯獨「讀」與「寫」的能力需藉由與**符號、文字、文本**之接觸，同時大量仰賴環境中有人能提供讀寫的環境，點點滴滴刻意學習，方能習得自己國家特定的語言符號系統。

　　有鑑於讀寫的重要性，我們需要多早就開始讓孩子接觸閱讀、寫字呢？是不是等小學入學後，讓老師教導他們讀寫技巧比較合適呢？近代的教育家推翻了這樣的想法，學者發現早在幼兒還沒接受正式教育前，他們其實就已經從生活中獲得大量與讀寫相關的知識，也會主動嘗試**閱讀**與**塗鴉式書寫**，且自然的發展出對語言及文字之興趣。因此廣義來說，還未正式學習讀寫的 0～6 歲兒童，他們經歷生活中聽、說、讀、寫的刺激，自己漸漸累積與早期讀寫相關的經驗與能力，這段讀寫啟蒙的過程便稱為**讀寫萌發**（emergent literacy）[2、3]。

　　由上可知，讀寫能力在寶寶時期就開始萌發了，因此父母與成人在此時期所扮演的角色格外重要，他們是知識、經驗的互動與傳承者，在日常生活中引導寶寶讀寫萌發，學習自己國家特定的符號文字系統。而生長在偏鄉或文化刺激不足環境下的寶寶，在每天的生活中可能會缺乏符號圖書與父母示範的刺激，影響早期的讀寫萌發，或許對語言發展不利[4]，但這並不表示他們長大後就會有讀寫遲緩的現象，或許反而獲得更多來自於大自然的益處，或與父母有著更多時間的互動，當有一天進入幼兒園或學校，他們也可能快速發展早期的讀寫能力。

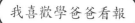

幼兒在入學前，就開始發展出一些與閱讀書寫能力相關的行為，

此技能會因後天環境的刺激，而變得更加成熟，

並漸漸發展成正式的閱讀書寫能力。

2.教寶寶字卡就是讀寫萌發嗎？

讓寶寶贏在起跑點是許多父母的愛與期待，若是能超前進度教導寶寶認字與寫字，是不是可以幫助寶寶早點開始讀寫發展呢？

紐約大學 Neuman 教授與同事為此做了一個為期 7 個月的研究[5]，研究對象為 117 名 9～18 個月大寶寶，並將他們分成「提早識字組」與「未介入組」。研究團隊提供 DVD、字卡及有字書讓「提早識字組」學習識字閱讀，對「未介入組」則沒有提供任何教材與指導。研究結果完全跌破家長的眼鏡！識字教材並沒有讓「提早識字組」比「未介入組」優秀。在認識字母、字音、詞彙與語言理解的能力上，「提早識字組」與「未介入組」無明顯的差別。研究結果唯一有差別的是**父母感受**！「提早識字組」父母會比「未介入組」父母覺得寶寶有獲得更好的閱讀能力，像是一個買心安的感受。

以上研究說明了寶寶的大腦不是一出生就能進入文字學習的黃金期，那父母可以做些什麼呢？我們可以從視覺與符號發展的角度來思考，寶寶早期閱讀時可以看些什麼。

因此，「字卡」絕不是唯一讓寶寶閱讀的入門材料，「識字」也不是此時期的讀寫萌發目標，他們需要培養的是對物體、圖案、符號、文字感到興趣而去探索的動機。0～3 歲寶寶對圖案的好奇心大過於文字，在進入認字前，父母可引導寶寶發現生活中的符號或文字，而且文字符號不只是圖案而已，還代表了聲音與意義，像是父母可以指著麥當勞的招牌 M 說：「麥當勞，我們去吃薯條」，或指著餅乾包裝的圖案說：「你看，小饅頭」。當寶寶發現符號的意義與好玩之處，就是啟動其未來閱讀識字的第一步！

3.啟動寶寶閱讀識字的第一步

　　學者指出，要培養閱讀能力，至少需要兩種重要技能的累積與交互作用，未來才能唸得出字、讀得懂意思，此分別是[6]：

- **符號解碼**：符號包含了圖形、數字、中文、英文等，而符號解碼是指大腦處理符號的能力，例如：看到「魚」這個字，能辨識字的形狀與提取出相對的發音，快速正確的唸出「ㄩˊ」。
- **語言知識**：指的是大腦中儲存的語言知識，例如：看到「魚」這個字，會想到水中游、「年年有餘」、海洋生物等的相關語言知識。

　　如何啟動寶寶未來閱讀識字的第一步呢？我們來看看小麗的一天。

小麗的一天

　　2歲的小麗早上起床，媽媽為她準備早餐與果汁，媽媽問小麗說：「你要吃餅乾還是要吃饅頭啊？」小麗回答：「餅乾」（**語言知識**），便自己看著餅乾包裝上面的草莓圖案，跟媽媽說：「要草莓口味」（**符號解碼**）。飯後，小麗依著媽媽的指示穿上NIKE的鞋子（**符號解碼**），接著他們牽著手出門去上學，邊走還邊哼著《小星星》兒歌（**符號解碼**）。當他們走到捷運站時，小麗發現捷運站入口處寫了一個數字「3」，她很高興的對媽媽說：「媽媽，3」（**符號解碼**）。到了幼兒園，小麗跟媽媽說：「媽媽下課會來接我，bye bye」（**語言知識**），就進教室了。小麗快速找到自己的名牌（**符號解碼**），掛在身上，展開了一天的活動。

　　算算看，小麗的一天有幾次接觸閱讀識字的機會？當寶寶在生活中，累積接觸**符號解碼**和**語言知識**的機會愈多，他就會發現文字的有趣之處，不是只有特定形狀，其聲音還有意義，此時對文字就會變得更有感覺！閱讀識字能力就在生活中開始萌芽。

符號解碼　　　　語言知識　　　　優秀的閱讀能力

對符號文字感到好奇
對兒歌、押韻感到興趣

＋

豐富的詞彙知識
使用語言來敘述
理解圖片或情節

＝

累積未來「識字」基礎　　　累積未來「閱讀理解」基礎

ST說給你聽

除了生活中的讀寫經驗刺激，父母也可以跟寶寶玩以下幾項遊戲：

- **符號解碼遊戲**：與寶寶玩「找找看遊戲」，讓寶寶去觀察符號是有不同形狀和聲音的，例如：找找書本中的動物躲在哪裡？車子標誌哪裡不一樣？

- **語言知識遊戲**：與寶寶玩「改編遊戲」，讓寶寶覺察與區辨語言，就會對文字語言規則愈來愈有語感，例如：改編童謠歌詞、玩接字遊戲或故意說錯詞彙，讓寶寶猜猜哪裡講錯。

4. 無可取代的真人說故事

目前，坊間充斥著各式新奇的閱讀教材，但用 3C 產品是不是比真人有趣、較可以吸引寶寶閱讀與學習呢？曾有兒童語言發展專家想了解不同的聽故事方式對寶寶語言學習之影響，於是設計了三種方式，讓 9 個月大的美國寶寶來學習中文，分別是：讓寶寶聽真人說中文故事、讓寶寶看中文故事的影片、讓寶寶聽 CD 播放的中文故事。結果發現，只有聽真人說故事的寶寶在學習中文語音上有明顯進步，其他兩個方式卻沒有任何幫助[7]。

此顯示聲光效果俱佳的產品雖能讓寶寶目不轉睛，但不一定會有很好的語言學習效果，因寶寶是需要在互動情境下學習語言。與機器不同的是，父母能適時的調整說話方式，讓寶寶去理解父母所說的詞彙語言〔此稱為「家長語」（parentese）〕，或是描述寶寶注意到的事物詞彙。此時，寶寶學習到的不只是語言詞彙，更可從父母充滿情感的表情、聲音與肢體接觸中，連結親密感與建立共享注意力，這些語言與非語言溝通都是寶寶語言起步的關鍵！

因此，不管父母與寶寶用什麼樣的材料閱讀，請記得早期的學習需要「真人」。父母能當寶寶很好的情感依靠與語言溝通示範者，讓寶寶能從閱讀活動中學到更多語言知識與美好的閱讀經驗。

互動式的閱讀方式，是把書本介紹給寶寶的好方法，
可以深度學習語言且增加美好的閱讀經驗。

5.在家做到這五招，輕鬆打造寶寶的讀寫基礎

　　父母在家中可以與寶寶做哪些活動，幫助寶寶讀寫萌發，打造讀寫基礎呢？以下是美國密西根州霍蘭赫里克地區圖書館（Herrick District Library in Holland, Michigan）鼓勵父母與寶寶一起做的五個活動。

一起讀	寶寶在讀懂真正的故事之前，需具備足夠的語言能力，如文字知識、詞彙、句子、閱讀能力等。美國聽力語言學會（ASHA）與大聲朗讀15分鐘組織（Read Aloud 15 MINUTES）長年推動親子共讀的重要性，鼓勵家長一天只需共讀15分鐘，就會帶來共讀的效益。除了促進寶寶的語言發展之外，甚至藉由故事情節，可以促進情緒與同理心的發展，並讓孩子在共讀中建立終身對書本、閱讀和學習的熱愛。
一起唱	在洗澡時、吃飯時、遊戲時與寶寶一起唱童謠或編一首你們的歌。在過程中，可以放慢唱歌的速度或是用有趣的方式唱，這樣可以讓寶寶注意到歌曲中的語音、音節或旋律語調。當寶寶注意到聲音與語言如何被使用後，未來也會想要和你一起玩語言、唱語言。
一起玩	常常與寶寶玩一些需要想像力的角色扮演遊戲，例如：玩買東西遊戲，假裝刷卡簽名，或是假裝寫菜單點菜、假裝看報紙等。以上活動可以讓寶寶從扮演中體驗成人如何讀寫，進而增加其對讀寫活動的興趣。
一起說	與寶寶對話，是讓寶寶學習新詞彙與概念的最佳方法之一。近代的研究發現[8]，幫助寶寶語言成長的關鍵不在於「說得多」，而是「對話的量」。因此，父母可以從寶寶時期，便常常與其對話，一來一往的對話，可以促進寶寶大腦語言區的成熟。
一起畫	父母不用急著教導寶寶寫字，應先讓寶寶有機會探索這些寫字的工具，如蠟筆、水彩、彩色筆等，並鼓勵寶寶嘗試畫畫、著色、塗鴉。父母可以試著說出寶寶畫的內容，或是自己畫的是什麼，漸漸的，寶寶會從隨意塗鴉、慢慢控制塗鴉，到說出塗鴉的內容。

6.如何設計寶寶的讀寫環境？

　　寶寶的讀寫萌發能力可以在父母的示範、鼓勵與陪伴下漸漸茁壯，而家庭環境更是寶寶讀寫萌發潛移默化的推手。請勾選以下項目，你為寶寶設計了哪些讀寫環境呢？

讓寶寶看到成人在生活中如何讀寫

☐ 閱讀活動，例如：爸爸在沙發看雜誌、媽媽在看帳單。

☐ 閱讀資訊，例如：看說明書、唸讀指字、看食譜做菜、爸爸進去男廁圖案的地方。

☐ 寫下文字，例如：在牆上、月曆上寫下生日或活動、簽名。

讓寶寶發現環境中的文字符號

☐ 路上的文字符號，例如：禁止停車、入口、捷運、麥當勞、車牌。

☐ 家中的文字符號，例如：零食商標、餅乾圖案。

☐ 將孩子的姓名貼紙貼在置物櫃、玩具箱、書本上。

為寶寶布置的閱讀書寫環境

☐ 家中有固定的區域或桌椅，讓寶寶能安心的探索讀寫。

☐ 提供寶寶多樣的畫圖材料。

☐ 提供寶寶自己的閱讀書櫃，並放置不易毀損且安全的書本，例如：硬紙板書、操作書。

☐ 提供寶寶創意有趣的塗鴉材料，例如：水彩、彩色筆、蠟筆、原子筆、粉筆、磁鐵、貼紙、繪本、不同樣式與大小的紙張、卡片、郵票、信封、印章、膠帶、膠水、剪刀。

鼓勵寶寶參與讀寫活動

☐ 口頭描述或寫下寶寶畫畫的內容。

☐ 鼓勵寶寶將他的畫作與他人分享。

☐ 張貼寶寶的圖畫作品。

☐ 鼓勵寶寶看圖說故事。

我們不一定看得懂寶寶畫畫的內容，但可以聆聽他要說的話語，
讓寶寶覺得他有能力可以藉由畫圖表達自己的想法。

7. 寶寶讀寫萌發的四個階段

前面內容介紹了讀寫萌發的內涵與重要性，以下綜合文獻結果[9、10、11]，介紹 0～3 歲寶寶的讀寫萌發階段。父母可以跟著書本的順序閱讀，理解寶寶讀寫萌發的每一步，也可以從下表中找到寶寶的讀寫萌發階段，直接翻閱該階段的說明，找到適合於寶寶的引導方式。

寶寶讀寫萌發階段

探索讀寫物品期 （約 0～6 個月）	寶寶會用自己的方式探索讀寫物品，例如：看爸媽的表情、丟書、撕紙、隨意翻書、咬圖卡、摸書、抓筆、拍拍書、聽聲音。
主動參與讀寫活動期 （約 7～12 個月）	寶寶會主動學習並模仿成人操作讀寫物品的方式，例如：學大人翻頁的方式、用小手去指看到的圖片。
看圖說話塗鴉期 （約 1～2 歲）	寶寶會將看到的圖案說出來，例如：說出書中生活用品的名稱、學動物聲音、說出故事人物在做什麼，也會嘗試拿起筆塗鴉。
語意萌發期 （約 2～3 歲）	寶寶對語言的掌握更精熟，除了會將生活經驗連結到圖片內容之外，還會開始探索生活中的文字符號與對應的聲音關係，例如：比著數字 1 說「1」、看到零食包裝上的圖案說：「海苔」、畫一個圈圈說是車子。

請注意！閱讀與書寫是人類後天習得的技巧。當父母發現寶寶的能力與上述月齡能力發展的描述內容不同時，請先不用過於擔心。因為寶寶早期讀寫能力的發展，與其發展、氣質、生活環境及父母引導方式等皆有相關，寶寶會以自己的步調與方式去經歷讀寫萌發各個階段，且一定都會經歷以上四個階段（若父母發現寶寶處在豐富的讀寫環境中，但在讀寫萌發發展上卻與同年齡寶寶有很大差距時，建議可找語言治療師尋求專業諮詢與建議）。

寶寶讀寫萌發發展

探索讀寫物品 — 0-6個月
- 對父母說話感到好奇。
- 用手或嘴開始探索書。

主動參與讀寫活動 — 7-12個月
- 主動參與看書活動。
- 跟隨父母哼唱兒歌。

看圖說話塗鴉 — 1-2歲
- 理解書本簡單圖片情節。
- 用手指常見符號，嘗試塗鴉。

語意萌發 — 2-3歲
- 用自己的話來重述故事。
- 嘗試將看到的字或符號唸出可能的發音。

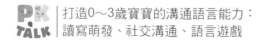
8.寶寶會吃書怎麼辦？

　　0～6 個月大的寶寶正處於用感官去探索世界之階段，他們不會照著一般使用方式來操作物品，而是喜歡把眼前的物品、玩具看一看、摸一摸、咬一咬、丟一丟。此階段的寶寶讀寫發展階段為**探索讀寫物品期**，寶寶看書的方式與探索玩具的方式是類似的，有可能會對書沒有興趣或是用各種感官方式來探索書。因此，與其說寶寶在看書，不如說寶寶用各種感官來「品嚐」書，例如：把書放在嘴裡咬一咬、把玩書、丟書、敲書，此時父母除了大叫「不可以吃書」之外，還可以怎麼辦呢？以下是建議的方法。

允許寶寶探索書本

　　寶寶初期的讀寫經驗大多是從聽覺與觸覺開始的，父母可以準備塑膠書、布書在安全情境下，讓寶寶用他的方式去探索書本。

向寶寶介紹「書」

　　父母可以跟寶寶說：「你在咬書」、「哇，書呢？掉在地上了」、「我們來拿書、打開書、翻翻書」。

讓寶寶對書感到興趣

　　寶寶對鮮豔圖案有興趣，對文字尚無感覺，書中的字與圖片都是一樣的，僅是書本的一部分，因此閱讀不一定要照著書唸，父母可以用有趣的方式說出書的內容，如發出狗狗的聲音「汪汪」，吸引寶寶注意；或是讓寶寶摸摸書中的圖案，如毛毛蟲的觸摸書，都可以讓寶寶對「看書」這件事感到有趣。

ST說給你聽

- 處於探索讀寫物品期的寶寶會用各種感官來探索書籍，因此在書籍選擇上，父母可以挑選安全、具有感官刺激的書本與寶寶共讀，例如：觸摸書、厚紙板書、布書、塑膠洗澡書、音樂書、鮮豔圖案的書。

9.唱兒歌讓寶寶對語音更有感覺

寶寶在媽媽肚子裡時就會對聲音變化有反應與記憶，2個月大的寶寶除了會注意人的聲音之外，對於哼唱、音樂或樂器的聲音也較感興趣。當音樂響起時，他可能會手舞足蹈或轉頭尋找聲音的來源。在眾多音樂活動之中，我們鼓勵父母用一個最簡單的方式，便是在生活中多多對寶寶唱歌。但什麼樣的歌曲較為適合呢？答案是**兒歌**，或稱**童謠**。想想看，你的腦海中是否還存有孩提時期的兒歌旋律呢？你有沒有聽過以下的兒歌呢？

《醜小鴨》	《數字歌》手指謠	《天黑黑》囡仔歌
呱～呱～呱呱呱， 醜小鴨呀～醜小鴨， 腿兒短短腳掌大， 長長脖子扁嘴巴， 走起路來搖呀搖， 愛到河邊去玩耍， 喉嚨雖小聲音大， 可是只會呱呱呱。	1 什麼 1，棍子 1 2 什麼 2，鴨子 2 3 什麼 3，耳朵 3 4 什麼 4，帆船 4 5 什麼 5，鉤鉤 5	天黑黑，要落雨， 阿公仔舉鋤頭要掘芋。 掘啊掘，掘啊掘， 掘著一尾旋鰡鼓。 依呀嘿都，真正趣味。

兒歌的魅力多多，在音樂上的節奏明快，不但可以唱、還可以玩，非常適合寶寶好奇愛玩的天性；在語言學習上，歌詞內容常結合兒童的生活事件且用字簡單，讓兒童能輕鬆習得語言知識。之外，兒歌具有清楚的押韻與重複句型，容易朗朗上口，是促進寶寶對語音有感覺的好活動，例如：感受語音的高低、快慢、大小、字數等，多多與寶寶進行玩語音的兒歌活動，可以累積音韻覺識（phonological awareness）能力的基礎，有助於幼兒未來閱讀時可以對語音解碼有更好的掌握（音韻覺識指的是組合、拆解語音的能力，研究指出音韻覺識能力好的英語系兒童，未來唸讀的能力較佳；而中文研究

則指出，音韻覺識能力與未來的注音符號拼讀能力有關）。

　　因此，試試看！不要害怕自己唱不好，寶寶在意的是互動的有趣與情感交流，父母可以在很多時刻將童謠融入生活中與寶寶一起唱歌，例如：換尿布、喝奶、散步、洗澡的時光。

一閃一閃亮晶晶，
滿天都是小星～星～

親子一起唱童謠、接歌，可以促進音韻發展。

ST說給你聽

與寶寶一起唱歌的祕訣：
- 速度慢一點：有助於讓寶寶聽到單詞與觀察動作。
- 製造樂趣：在熟悉的旋律處停一下，看看寶寶是否會接歌或有回應。
- 加入狀聲詞：可以試著發出動物的聲音。
- 改編歌曲：將歌詞改成生活活動，例如：「走走走走走，我們要去～換尿布～」。
- 重複的唱：可以幫助寶寶學習新的詞彙或手勢。
- 改變語調節奏：將歌曲愈唱愈快或是愈唱愈慢，例如：「兩隻老虎，兩隻老虎，跑得快，跑得快～」（唱歌的語速可隨著「跑得快」的歌詞而變快）。

🎁 10.0～6 個月寶寶的讀寫萌發發展指標

以下是 0～6 個月（探索讀寫物品期）寶寶的讀寫萌發發展指標，你觀察到了嗎？

ST說給你聽

促進探索讀寫物品期寶寶讀寫萌發的祕訣：
- 與寶寶近距離面對面說話時，可以讓寶寶看到且聽到你的溝通語言與表情。
- 用有趣的方式說出詞彙或聲音，可以吸引寶寶注意你的語音。
- 與寶寶一起唱童謠、手指謠，讓他覺察到語音的旋律節奏。
- 允許寶寶可以用嘴巴、敲打、咬等方式來探索書本，這可以讓寶寶對書感到興趣。
- 閱讀時帶著寶寶的手去摸或指圖片，這可以讓寶寶學習新的詞彙。

🎁 11. 寶寶為什麼會一直去指同一個圖片？

　　7～12 個月大的寶寶會開始發出很多聲音，有時候會自己玩很多重複音節的遊戲，如叭叭叭、噠噠噠、啊哺啊哺等；另外，也會開始使用很多的手勢，如伸手拿、用手指東西、揮揮手等。這時期的寶寶屬於**主動參與讀寫活動期**。他們是小小探險家，當家裡有一些讀寫的物品時，如書本、紙筆等，寶寶都會想要去摸摸看、玩玩看。

　　此時期的寶寶更喜歡模仿大人看書的樣子，所以寶寶會像大人一樣翻書、用手比圖片，好像在說話的樣子。有時候，寶寶會一直用手去指或拍打某本書中的圖片再看看你，其實可能有以下的原因：寶寶想問這是什麼、寶寶想分享看到圖片的感受、寶寶想吸引你的注意。

不會說話的寶寶也能用聲音、手勢動作、
表情與父母一起快樂共讀。

因此，別擔心，寶寶一直用手比圖片的行為不是固執，而是寶寶想要與你溝通的行為喔！父母可以掌握這個機會，多多回應寶寶。寶寶雖然還不會說，但其實心裡有很多的想法，且愈會用手比看到事物的寶寶，在未來還可能會有較好的語言能力 [12]。

ST說給你聽

• 主動參與讀寫活動期寶寶會想要試著自己翻書，也喜歡找到熟悉的圖片。父母可以挑選方便寶寶操作的書本與寶寶共讀，例如：觸感書、厚紙板書、翻翻書、大圖案的書、操作書、按壓音樂書。

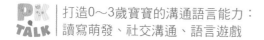
12.7～12 個月寶寶的讀寫萌發發展指標

以下是 7～12 個月（主動參與讀寫活動期）寶寶的讀寫萌發發展指標，你觀察到了嗎？

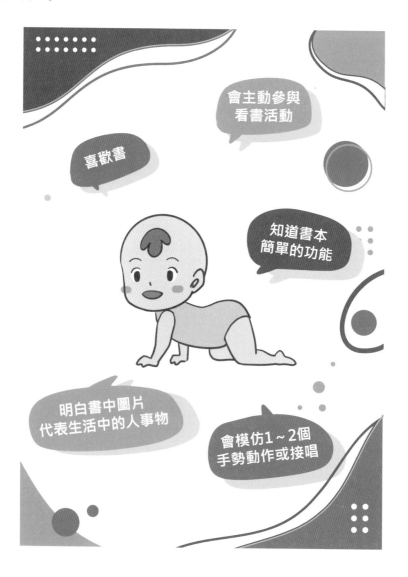

這是樹～

寶寶用小手去拍圖片想與媽媽分享他看到的，
此時父母可以幫忙說出寶寶想說的。

ST說給你聽

促進主動參與讀寫活動期寶寶讀寫萌發的祕訣：
· 與寶寶一起看觸感書、布書、塑膠書、厚紙板書、音樂書，能讓寶寶
　有機會學習閱讀是怎麼一回事，也要允許寶寶可以自己拿書、翻書。
· 與寶寶愉快的唱童謠，讓他聽到語音的起伏與音節。
· 像個生活導覽員，介紹寶寶看到的人、事、物，讓他明白每個事物都
　有一個名稱。

🎁 13.比手畫腳能促進寶寶的閱讀理解嗎？

寶寶的詞彙與手勢是同時發展的，有些說不出的詞彙常常會用手勢來做輔助，例如：用手指（指向某物）或是象徵性手勢（用某一種動作來代表一個想法，像是張開手表示鳥在飛）。這種手勢輔助語言的聲音、意義的過程，能讓寶寶的語言能力不斷的提升與完備。

研究指出，手勢能協助孩子的詞彙學習。Goldin-Meadow 在 2011 年的 TED×UChicago TED 演講中指出，手勢不僅可以傳達孩子的思想，而且還可以幫助改變孩子的思想，以支持教學和學習。而在親子共讀中，若能使用語音結合手勢的方式，就可以提供更具體和準確的訊息 [13]，促進閱讀理解。

寶寶發現菜單的漢堡上面有一個圖案，
媽媽告訴寶寶這個圖案是 2。

因此，當父母與寶寶一起看書或唱歌時，不妨可以試試看與寶寶動口、動手又動腳喔！

ST 說給你聽

將手勢動作融入寶寶讀寫萌發活動的點子：
- 唱歌動一動：與寶寶一起唱歌時，父母可以比出相關的手勢，來傳達歌曲的意思，例如：唱下雨歌「唏哩唏哩，嘩啦嘩啦，雨下來了」，此時可以用雙手模擬下雨的狀態，讓寶寶除了聽到雨的歌，也能用手勢感受雨往下滴的狀態。
- 故事動一動：閱讀故事時，鼓勵寶寶用手指圖片，父母可以說出該詞彙，同時用手勢動作描述，例如：看到公車圖片，可以說「開車」，然後用手做出開車的樣子。

14.如何教寶寶學習新的詞彙？

　　1～2 歲寶寶屬於**看圖說話塗鴉期**，不只是對真實人物的詞彙感興趣，他們在看書或塗鴉時，也會花大部分的精力在注意圖片或符號，並會嘗試用手指出看到的東西且嘗試命名，或是問父母物品是什麼。

　　當寶寶開始記住與說出人、事、物名稱的過程，就是在慢慢累積腦中的**詞彙量**。約 1 歲之後，寶寶的詞彙能力開始累積與爆發，從只聽懂幾個單字，到 1 歲半時，已經可以聽懂常見指令與說出 50 個詞彙了。到 2 歲時，他們更能自由組合 2～3 個詞彙變成短句來溝通，如「我要抱抱。」隨著年齡的增長，寶寶可以使用更多的詞彙來溝通，讓他們與父母之間的溝通愈來愈有效率。有良好詞彙能力的寶寶除了可以明確表達自己的需要外，更與未來學業的學習表現有關 [14]。

　　父母要怎麼幫助寶寶累積詞彙量呢？與寶寶一起看書，便是建立寶寶詞彙量的超級好方法，以下是與**看圖說話塗鴉期**寶寶在共讀中學習新詞彙的原則。

寶寶對自己想學詞彙的動機最高

　　當看到寶寶開始一直重複唸出他所看到的圖片名稱時，不要擔心，因為那正是他們發現圖片新大陸的時候，寶寶這時候學習詞彙的動機是最高的。父母可以當起寶寶的閱讀導遊，觀察寶寶看到書中的哪裡，或是說了什麼話語，然後立即回應他，補充他所看到的，告訴他該詞彙的意思與聲音，如寶寶比著圖片說：「汪汪」，你可以說：「對，這是狗狗」、「狗狗汪汪叫」。

有趣好玩的聲音動作容易形成記憶點

在閱讀中，父母可多利用**聲音動作**來輔助描述新的詞彙，如有趣的聲音、動作或表情。當你說「獅子來了」的時候，可以發出「吼～」的聲音，再配上爪子的手勢，也可以把手伸出來抓一抓寶寶的肚子。有趣、有互動的詞彙比較容易形成記憶點，讓寶寶學習與記憶。

重複閱讀能讓寶寶熟能生巧

在寶寶時期，重複閱讀同一本書是很常見的事，能顯示寶寶對閱讀有濃厚的興趣與探索之心。除了反覆看同一本書，讓寶寶可以愈來愈熟悉故事的詞彙與情節之外，父母也可以挑選**重複型故事書**，這一類的故事內容會重複一些特定規則，可能是句法的重複、可能是情節的重複，讓寶寶容易在重複中輕鬆使用語言，並反覆說出新的詞彙。父母可以從重複句法或內容故事情節，示範語言詞彙與句法，當寶寶熟習內容後，也可以讓寶寶練習填空字尾或詞彙。以下舉五味太郎的《小金魚逃走了》這本書為例子，看看爸爸如何讓寶寶在對話中學習新的詞彙：

爸爸：「喔喔，小金魚逃走了。」

寶寶：「逃走了。」

爸爸：「小金魚躲在窗簾裡。」

爸爸：「喔喔，小金魚又逃走了。」

寶寶：「逃走了，在哪裡？」

寶寶：「這裡。」

爸爸：「喔喔，小金魚又_____（等寶寶填空）。」

寶寶：「小金魚逃走了。」

與自身經驗有關的書籍能引起寶寶共鳴

挑選一些與寶寶生活有關的繪本，如吃飯、洗澡、去公園玩，可讓寶寶

把生活經驗與故事連結起來，例如：父母能引導寶寶去看自己吃了什麼，故事中的狗狗、貓貓吃了什麼，讓寶寶學習如何將詞彙延伸到其他情境。

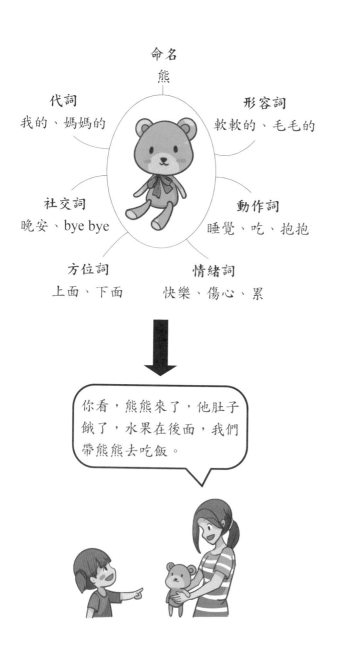

當寶寶已有一定詞彙量時（大約超過 100個），父母可用「詞彙圈圈圖」將詞彙做各種結合，在生活中示範、說給寶寶聽，此技巧稱為「詞彙延伸」，是個讓寶寶更容易學習新詞彙與練習組句的好方法。

ST說給你聽

- 看圖說話塗鴉期寶寶喜歡與人分享自身的生活經驗，父母可以挑選常見物品的圖鑑書、跟生活流程有關的書，或是重複情節的書與寶寶共讀。

 15. 1～2 歲寶寶的讀寫萌發發展指標

以下是 1～2 歲（看圖説話塗鴉期）寶寶的讀寫萌發發展指標，你觀察到了嗎？

ST 說給你聽

促進看圖說話塗鴉期寶寶讀寫萌發的祕訣：

- 與寶寶一邊唱童謠、手指謠，一邊比動作，讓他理解詞彙的意義。
- 與寶寶一起看厚紙板書、生活圖片的書、跟他日常生活有關的書，提供詞彙知識，讓寶寶將圖片內容與真實生活連結起來。
- 讓寶寶注意到生活中常見的圖案、標誌，例如：包裝盒上的圖案、數字。
- 給寶寶塗鴉的經驗。

16. 塗鴉＝寫作＝說話

　　談到寫字，大家可能會想到需要等幼兒的手功能或心智較成熟後，才能開始練習書寫。其實，這個想法已被讀寫萌發的概念推翻。廣義來說，寶寶從出生後就在發展寫字前的相關能力。在嬰兒時期，寶寶就已經開始有許多手部動作了，例如：會用小手左右、上下的揮舞表示興奮。而當寶寶發現**畫筆**時，也會嘗試用類似的動作，抓著筆揮舞著，當他發現畫筆可以畫出顏色而感到新奇有趣時，寫的萌發就正式開始了。因此在寶寶時期，我們就能看到寶寶又畫又假裝寫的樣子。以下是在正式寫字前，孩子會經歷的五個過程[15]。

1.塗鴉	約 1 歲半〜 2 歲半	寶寶會學著大人拿筆的樣子，手抓著筆，伸直手臂左右揮舞、前後推拉、上下擺動，讓顏料在畫紙中揮灑。這時期通常很難辨認寶寶畫的是什麼，作品常常是像連續 Z 型的鋸齒曲線、一些點點，或是連續圈圈。
2.畫線條圖案	約 2〜3 歲	寶寶會透過塗鴉的方式，將自己的思想和觀念用一些線條表達出來，例如：畫一個圈圈說是輪胎。
3.畫符號	約 4〜6 歲	幼兒開始學習數字、字母、常見字，並意識到文字與繪畫的不同。他們開始會畫出他眼中的符號圖案，並配上可能的聲音，例如：畫一些線條假裝是招牌的中文字；畫一個類似「王」的圖案，說這是我名字中的王。
4.模仿寫字	約大班〜小一	兒童會發現寫字規則，從左寫到右、從上寫到下，會仿寫常見字、注音、數字或英文字。
5.真正寫字	小一〜小二	兒童可以理解字和字的間距，經由不斷的書寫練習，可以記住字的形音義，並在紙上清晰的書寫它們。

從上述說明中可以發現，**塗鴉**是寫字的入門第一課，寶寶喜歡自由發揮的塗鴉，也喜歡談論自己畫過的東西，這表示寶寶開始理解塗鴉也是一種溝通形式，可以在紙上標記出想要傳達的訊息。因此，當寶寶在塗鴉時，父母要記住「塗鴉」就是寶寶的「寫作」，就是寶寶心裡的「話」。父母可以多多與寶寶對話，問問寶寶在畫什麼或是幫他說出來，提供這樣的互動機會可以幫助寶寶發展口語能力，並給他們表達自我的信心。當寶寶以自己的方式畫畫或書寫後，他會更想去看看自己所畫的內容，進而對這些圖像、抽象符號更感興趣，這對未來的讀寫發展有所幫助。

鼓勵孩子在繪畫和寫作時發揮創造力，而這需要不斷的寫作經驗。
他們需要機會利用對寫作的了解進行各種實驗，
並有機會應用和練習其發展的技能和知識。

ST説給你聽

- 別擔心家裡會弄的亂七八糟：在開始前，可以準備好清洗的顏料或筆，並準備圍兜兜，在桌面鋪上報紙，就可以放心與寶寶一同揮灑了。讓寶寶體會揮舞著小手畫出作品的成就感吧！

- 持續保持畫圖的開心感與成就感：當寶寶拿起筆的時候，父母不需要急於示範如何畫才會比較像或漂亮，多多允許寶寶用自己的方式畫畫。因為寶寶畫畫的動機，絕對不是想把字寫漂亮或是把圖畫得很美，而是源自於天生喜歡探索事物的熱情與跟人互動的需求。

17.寶寶會說什麼樣的故事？

2～3 歲寶寶除了喜歡觀察自己身邊的事物外，更想知道事情是如何運作的，而這種好奇心也會延伸到讀寫語言的領域，此時期稱之為**語意萌發期**。在這個階段，寶寶會主動探索語言的聲音結構與圖像符號，漸漸發現文字符號、語音與意義三個要素是有關聯性的。寶寶在這時候可能會拿起一本書開始朗讀，好像看得懂字一樣，其實他只是把父母告訴他的內容背出來，並不是真的看得懂字，這個**假裝識字**（pretend reading）的過程，代表寶寶是從父母唸故事給他聽的活動中，覺察到書裡面有字，而這些字是代表一些語音，他也想要把文字用自己的話語說出來，這是個很有趣的過程喔！

除了對覺察文字更敏感之外，寶寶此時正快速發展語言能力，因此可以看到寶寶各種說故事的樣子，例如：認真聽父母說故事、把故事某段劇情說出來、自己扮演故事裡熊走路的樣子、回答和故事有關的問題、「妹妹哭哭了，我也有跌倒」。但是，多大的寶寶才能自己說出一個完整的故事呢？請不用擔心，幼兒要到 7 歲才會真正說出一個比較完整的故事，包括：主角、背景、動機、人物行動及結果、人物感受與結局，所以 2～3 歲寶寶還不會說出完整的故事或是漏東漏西是很正常的。以下提供學者指出的說故事能力發展階段[16]，父母可以看看寶寶現在是在哪個說故事期。

1.說名稱	約 1 歲半～2 歲	看到圖片會命名，每一頁沒有連貫。
2.說看到的事件	約 2 歲	寶寶說的是他所注意到的人、事、物，且多為正在發生的事件，期間沒有任何關係、順序與主題，如「爸爸上班，狗狗不乖。」
3.有順序的說	約 2～3 歲	寶寶的敘述開始圍繞一個主題，但事件間缺乏關係、順序，如「狗狗吃飯、狗狗洗澡、狗狗睡覺了。」
4.簡單說故事情節	約 3～4 歲	寶寶可以圍繞一個主題講述，內容包括主角、主題或背景，且已有一點合乎邏輯的關係，但對於事件間連結性的描述仍有不足，如「弟弟和青蛙出去玩，啊，青蛙勒？你看他跑走了。」

　　藉由寶寶説故事的活動，父母可以觀察到寶寶語言組織的發展情形。當寶寶拿著書本説故事時，父母可以多等待或鼓勵其發言，細心聆聽與回應寶寶在説什麼。父母也可以拿起紙筆或手機，記錄寶寶説的話，這不只能發現寶寶在詞彙或句子的成長，更可以發現寶寶的邏輯組織已開始在起飛。

ST説給你聽

語意萌發期寶寶喜歡描述事件，因此在書籍選擇上，父母可以挑選有簡單故事情節的書本與寶寶共讀，例如：
· 重複片語或句子的書。
· 生活事件主題的書。
· 奇幻故事主題的書，如巫婆、恐龍。

一起和寶寶看故事時，可以延伸故事內容，讓寶寶也說說關於自己的故事。

18.2～3 歲寶寶的讀寫萌發發展指標

以下是 2～3 歲（語意萌發期）寶寶的讀寫萌發發展指標，你觀察到了嗎？

爸爸，
這裡有一個巫婆，
她會變變變嗎？

應該會喔，她看起來很厲害。
巫婆她說要坐魔法掃把要去找公主，
你猜巫婆想要找公主做什麼呢？

與語意萌發期寶寶一起閱讀奇幻故事，
可以打開寶寶視野，增加語言的想像力。

ST說給你聽

促進語意萌發期寶寶讀寫萌發的祕訣：
- 不要只有命名圖片，還可以延伸詞彙的概念，例如：形容、狀態、程度、想像、情緒、過去與未來、問題解決、推理。
- 與寶寶一起塗鴉，描述他的作品。
- 與寶寶聊聊生活活動的順序與經驗，例如：「你跟爸爸去公園玩了什麼？」

19. 擔心寶寶入幼兒園後聽不懂嗎？用故事學習進階語言

以下是寶寶在幼兒園的場景：

老師：「我們要吃點心了。」

老師：「大家排隊去洗手。」

老師：「記得把袖子拉起來！不然衣服會濕答答。」

老師：「他比較高，坐後面。」

老師：「明天要記得帶玩具來分享喔！」

老師在此說了好多個寶寶生活中不太會聽到，或是意思比較深的詞彙，例如：點心、排隊、袖子、濕答答、比較、高、後面、明天、記得、分享。這些詞彙要等到幼兒園時，才會學習到嗎？其實不然，當寶寶會說出簡單句時，父母便可以開始增進寶寶語言的深度了。父母可以找一些有簡單故事情節的書，與寶寶玩這些進階的語言詞彙，讓寶寶順利銜接幼兒園生活的語言情境。以下是學者建議與寶寶看書時學習進階語言的祕訣 [17、18]。

談論過去和未來

2 歲寶寶開始會聊一些不是發生在當下的事，也就是過去的事件或是未來還沒發生的事情。父母與寶寶多多回憶過去事件與計畫未來的事，可以讓寶寶對時間有掌控感，便能夠遵循團體的活動做回憶與計畫。在共讀時，父母可以跟寶寶聊：「你看，這是哥哥在動物園看大象的照片，我們上禮拜也有去動物園啊，你還記得看到什麼嗎？」也可以與寶寶一起猜猜故事未來的發展：「你猜那個弟弟要去哪裡？」

描述與對比

當使用對比詞彙時，例如：以前／現在、比較、有一點、不一樣等，可以讓寶寶對事物的改變或差異感受更加深刻，以便能夠在團體中聽懂指令，例如：「椅子靠進去一點」。父母可以找圖片對比差異大的書來與寶寶討論，例如：「你看，這個哥哥的房間原本很亂，後來打掃乾淨了」、「這隻狗比較大」、「他們兩個喜歡的不一樣」。

不要害怕使用稀有和不尋常的單詞

在寶寶學習到可以讓他們談論日常事物的基本單詞之後，父母可以讓他們開始接觸陌生的詞彙。2 歲以上的寶寶，父母只要解釋新單詞的含義，並經常重複，便可以讓他們學習到新的詞彙。父母可以在共讀時，把寶寶學過的簡單詞彙再用進階一點的方式來描述，這樣可以幫助寶寶學到更多的上學用語，例如：坐坐→坐好、收收→收拾乾淨、穿衣服→穿圍兜兜、哭了→好難過。

加入想像與扮演遊戲

假裝或**想像**是建立寶寶詞彙量和語言能力的一種非常有趣的方法，寶寶不只要動口、還要動手，例如：假裝打電話給叔叔，或是煮菜給玩具熊吃，都是一個將語言實際拿來運用的活動。父母在與寶寶共讀時，也可以加入玩偶或手指偶，與寶寶一起進行扮演遊戲與書中的角色對話，或是直接演出部分的故事內容。

外出

離開

走

　寶寶學習詞彙是漸進式過程，像在走樓梯[6]，一開始會在生活中體驗詞彙意義，像是父母說「走吧」，他會猜測「走」就是要「出門」。

　隨著年齡增長，他會學習到更進階的用法，像是「我們離開吧」。

　入學後，寶寶會學習到更正式或書寫用的詞彙，像是「外出時要帶傘喔」。

20.共讀五法寶，消滅小霸王

　　隨著年齡增長，寶寶會慢慢發現自己的世界不止有他自己一個人，他需要與他人相處。但是，怎麼回事？別人想的好像不一定跟他一樣，地球也不是圍著他運轉；因此寶寶有時會出現生氣或抗議的行為，除了當下制止寶寶之外，父母還可以做些什麼呢？

　　在上個議題中，我們分享了如何利用共讀增加寶寶語言詞彙的豐富性，其實共讀也能帶給寶寶與人相處時的心智經驗，讓寶寶不用在真實經歷後才能學到以下這些經驗，如喜歡、厭惡、嫉妒、討厭、抗議。那麼，父母在與寶寶共讀時，可以如何引導呢？以下是學者的建議[19]。

標記情緒與原因

　　父母可以特別描述故事角色的感覺，例如：「狗狗很傷心，因為骨頭不見了」。

體驗主角的感受與連結自身感受

　　寶寶年紀尚小，雖然還不能明白換位思考的意義，但可以在討論或角色扮演中讓寶寶融入故事角色，引導寶寶融入書中角色的內心世界。父母可以問寶寶關於角色的「想要」、「感受」及「想法」，引導寶寶去發現與討論書中人物對周遭人、事、物的不同觀點，例如：「這個妹妹喜歡什麼顏色」、「這三隻小豬喜歡吃的東西都不一樣」、「哥哥想去游泳，弟弟想去跑步，怎麼辦」、「你上次跟那個弟弟一樣也受傷了，媽媽有沒有來幫你擦藥」。

奇怪，我跟你不一樣

　　「你覺得他的感覺如何？為什麼他生氣了？」父母可以在共讀中提出想法，但不一定與寶寶的看法相同，或者也可以與寶寶討論書中角色的不同想

法，例如：「豬大哥要蓋稻草屋、豬二哥要蓋木頭屋、豬小弟要蓋磚頭屋，為什麼他們喜歡的都不一樣？」這樣的討論可以讓寶寶漸漸體會到，他人感受可能不一定與自己相同，進而學習合作與妥協。

找找看，哪裡不見了

與寶寶一起玩找找看的遊戲，父母可以與寶寶一起看跟「找找看」有關的書籍，過程中可以問寶寶：「誰不見了」、「躲在哪裡」，或是「誰在生氣」。親子一起猜猜看、找找看，藉著一次次的觀察遊戲經驗，寶寶的眼睛會愈來愈喜歡發現人、事、物的細節，這可以讓寶寶在生活中或與人互動時的觀察力更為敏銳，更會察言觀色。

我會解決問題

父母可以引導寶寶討論書中角色不同的行動與解決問題的方式，或是解釋書中主角為什麼這麼做的理由，例如：「國王不想出來，因為他沒穿衣服會不好意思，怎麼辦呢」。藉由討論問題的因果與解決方式，可以增加寶寶在人際爭執時的彈性與技巧。

這個怪獸有點生氣喔，你看這是他的哥哥，你猜他的哥哥要做什麼？

爸爸讓寶寶協助解決怪獸的問題，
藉此讓他思考怪獸接下來可能會做什麼決定。

21. 對話式閱讀能讓寶寶更會說故事

敘事能力可以是說故事或是說出自己的經驗，是語用能力中一個很重要的能力。2 歲以上的寶寶會將他所學到的「詞彙」與「句子」做組織與堆疊，變成敘述一段話或是說故事，並藉由敘述來重整自己的經驗和表達自己對事物的感覺和想法 [20]。當兒童進入到學校，更需要敘事能力來重述特別事件、經驗或是想法，來與同儕做互動溝通。學者指出，敘事能力是一項複雜的行為表徵，需要靠認知、社會及語言能力的緊密作用 [21]。因此，敘事能力的發展與語言溝通、人際互動以及未來學業表現息息相關 [20]。

父母可以怎麼打造寶寶的敘事能力呢？在親子共讀時讓寶寶說故事，便是一個容易且提供了豐富語言情境的活動。我們來看看以下的對話：

媽媽：「你看，小豬想去洗澡，他在泥巴裡打滾喔！」

媽媽：「哇，泥巴髒兮兮的。」

寶寶：「哈哈，髒兮兮。」

媽媽：「然後，小豬媽媽就說：小豬，要回家吃飯了喔。」

媽媽：「我們跟小豬說 bye bye 吧，他要回家了。」

寶寶：「小豬掰掰。」

從以上對話中，可以想像到媽媽朗讀故事而寶寶認真聆聽與回應的畫面。在媽媽豐富的語言示範中，可以培養寶寶「專心聆聽」、「回應」、「詞彙理解」的能力，但可能缺少讓寶寶自己發表看法與有條理的說出故事內容之經驗，也就是**敘事**的經驗。相較於「父母說故事，寶寶聽故事」的成人主導唸書方式，學者 Whitehurst 等人翻轉了共讀的關係，提出了**對話式閱讀法**（dialogic reading）[22]，強調閱讀不是靜態的聽，可以是動態的對話，讓親子在一來一往的對話下共讀，鼓勵父母跟著孩子的想法走，把說話的機會讓給孩子，引導孩子多說一點，盡情闡述自己的想法，讓他成為積極參與

閱讀活動的人。**對話式閱讀法**已證實可以提升兒童的語言能力，包含了增加語句長度、提升詞彙量、增加理解能力，以及提升自發性的口語，而對於早期的閱讀技巧，以及閱讀參與度的提升也有幫助 [23]、[24]、[25]。

該如何與 2～3 歲寶寶進行**對話式閱讀**呢 [25]？以下是幾個原則。

製造自在有趣的情境，終身喜愛閱讀

語意萌發期的寶寶喜歡互動，父母可以在共讀時，連結一些有趣的元素，例如：發出有趣的動物聲音、像書中的猴子一樣搔癢寶寶、引導寶寶看到有趣的故事圖片等。當閱讀充滿笑聲，成為有趣的活動時，就是幫寶寶累積早期閱讀的美好經驗，點燃終身喜愛閱讀的火花。

與寶寶同步，觀察寶寶的喜好

在閱讀初期，寶寶開始嘗試去看書中的情節時，與寶寶同步是很重要的，也就是確定雙方都在同一個頻率上，不會是寶寶看這張圖片，父母講另外一張圖片，這樣寶寶會接收不到他想了解的事物，對閱讀也會興趣缺缺。試試看用寶寶的角度來看書，觀察寶寶喜歡的是什麼圖案，調整閱讀方向，加入寶寶的世界，多一些描述或關注，讓寶寶討論他想了解的事物，未來寶寶也會學習聽聽你的想法。

多等待與鼓勵，寶寶自信又主動

父母不用急著自己說故事，當翻開下一頁時，可以等待一下寶寶，讓寶寶先說一說他看到的內容，然後針對寶寶的回答給予回饋及稱讚。這樣的等待可以讓寶寶覺得自己也有能力可以表達自己的想法。

在一問一答的對話中，聆聽彼此的聲音

在共讀中，父母可以用簡單的問題引導寶寶，鼓勵寶寶說出故事圖片中的訊息：

- 詢問跟書本有關的簡單問句，引導寶寶說出圖片名稱或理解簡單情節，如「這是什麼」、「他在做什麼」、「他去哪裡」。
- 若寶寶能力增加，可以根據寶寶剛剛回答的內容，進一步詢問相關的問題，如「為什麼」、「怎麼辦」、「他覺得怎麼樣」、「這隻狗狗是什麼顏色的」。

依據能力擴展語句，輕鬆學語言

當寶寶說出想法後，父母可以示範比寶寶語言能力再多一點的語句，讓寶寶學習更多新的詞彙、資訊或語法，如寶寶說：「狗狗跑走了」，爸爸可以回應寶寶：「黑色的狗狗跑走了」或是「狗狗要回家找媽媽了」。

22.寶寶不喜歡看書，怎麼辦？

在父母的陪伴下，1 歲半～3 歲寶寶幾乎已經理解看書是怎麼一回事了，這時候他們可能會想用自己的方式繼續閱讀，因此可能會遇到以下情形：寶寶坐不住跑來跑去、不想看某一本書，或是一下子就看完了，這種看書方式有時會讓父母又愛又令人頭痛。要怎麼樣讓寶寶與書做朋友呢？以下是學者的建議 [26]。

養成規律看書的習慣

美國聽力語言學會（ASHA）建議，父母與寶寶每天可以進行 5～15 分鐘的親子共讀。寶寶看書的時間不用很長，但需要養成習慣，讓寶寶知道閱讀是日常生活中很常見且固定發生的有趣活動。

跟著寶寶的興趣來看書

注意看寶寶喜歡的圖案是什麼，帶著有情感的語氣幫寶寶描述，可以讓寶寶更喜歡書，例如：與寶寶一起看《好餓的毛毛蟲》這本書，你可以摸摸肚子說：「肚子好餓喔！」並用手抓圖片的蘋果，假裝放在嘴裡：「啊嗯啊嗯，好好吃喔！」寶寶看了笑了起來，也會跟著學假裝吃東西。

不怕重複閱讀同一本書

藉由一次一次的重複閱讀，可以讓寶寶對書本知識的印象加深，增加閱讀參與的主動性與信心。

這花園裡有很多的樹木，這一棵是榕樹，它有很多的氣根、這一棵是椰子樹……

親子共讀是寶寶發展閱讀能力很重要的基礎，

但是請注意！不能只是唸故事，而是要進行一場表演！

說故事要有趣、新奇、感人、輕鬆，才會激起寶寶成為「積極的閱讀者」。

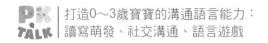
 # 23.為寶寶做一本充滿回憶的生活小書

如果說，故事書新奇有趣的內容開創了寶寶的視野，那麼手作的寶寶專書，就是幫助寶寶與自己生活連結最好的回憶方式。寶寶的生活小書製作方式很簡單，只要找一個厚紙板、素描本或是相片本當作書本就可以開始了。父母可以運用身邊的素材，像是貼紙、照片、文字符號或是有紀念意義的包裝紙等，貼在書本的內頁上後，可以用簡單的語言幫寶寶寫下他眼睛所看到的世界，如喜愛的人物、場景、玩具、過去的經驗等。

生活小書製作完畢後，可以放在閱讀區讓寶寶去翻閱或與家人分享。試試看，這樣的小書會讓寶寶愛不釋手，充滿回憶的小書可以讓寶寶從 0 歲看到長大呢！

小書的內容可以包含什麼呢？以下是一些建議。

我最喜歡的食物、玩具、地點、活動

- 事物的照片或圖片。
- 事物的相關標籤、包裝紙。
- 特定的商標、數字或符號，例如：寶寶喜歡英文字母，就在書上寫下ABC的符號。

我喜歡的人物

- 家人的照片。
- 朋友的照片。
- 寵物的照片。
- 卡通主角的圖片。

我的感覺與情緒

- 各種情緒的照片。
- 可觸摸的小物品。
- 有味道的小東西，例如：葉子。

我的小日記

- 從旅行／活動取得的照片、紀念品，可以用來談論過去的事件。
- 家裡有趣的活動，例如：一起過生日。
- 戶外活動，例如：去游泳池、爬山等。
- 節慶活動，例如：過年、聖誕節、萬聖節活動等。

相本可以幫助寶寶回憶過去的事件。

0～3 歲寶寶的讀寫萌發發展指標

0～6 個月：探索讀寫物品期	
讀寫萌發發展指標	可以觀察到的行為
1. 對互動中的語言形式感到好奇	例如：唸故事時，寶寶會看著你、對你發出聲音或微笑，有時會移動手臂和腿部表示開心。
2. 會用手或嘴開始探索書本	例如：書接近時，會放到嘴巴咬、摸、丟。
3. 對語調和韻律的改變有反應	例如：發出狀聲詞時，寶寶會看著你，覺得有趣。
4. 能看著說話的人，好像在聽	例如：已準備好傾聽你說故事。
5. 對文字尚無感覺	書中的文字與圖片都一樣，僅是書本的一部分，例如：對鮮豔的圖案有興趣，不會特定去看某些數字、符號。

7～12 個月：主動參與讀寫活動期	
讀寫萌發發展指標	可以觀察到的行為
1. 會主動參與看書活動	例如：用聲音、臉部表情、手勢去表達對看書活動有興趣或不想看，或者主動拿書給爸媽，要爸媽唸。
2. 喜歡書	例如：會選書、對書的某一頁特別感到興趣、反覆看。
3. 知道書本簡單的功能	例如：嘗試翻書、操作書。
4. 明白書中圖片代表生活中的人事物	例如：會用手指出書中熟悉的圖片。
5. 會模仿 1～2 個手勢動作或接唱	例如：媽媽唱：「一隻哈巴狗」，寶寶在每句句尾做出小狗的動作或發出類似「汪汪」的聲音。

1～2 歲：看圖說話塗鴉期	
讀寫萌發發展指標	可以觀察到的行為
1. 喜歡主導看書活動	例如：透過指出圖片或說一些話來引起父母注意；用手指出某個圖片說：「嗯～」來問問題。
2. 對熟悉的書或歌曲中之語句押韻或節奏感到有興趣	例如：填空熟悉的書、童謠的句尾，像是「兩隻老__」，寶寶會說：「虎」。
3. 會觀察父母怎麼看書或寫字	慢慢學習書本、圖畫的使用方式，例如：以正確的方向拿書、模仿成人唸書的樣子。
4. 理解並熟悉書本中的簡單圖片或情節	例如：看著貓咪哭泣的圖片內容說：「哭哭了」。也可以命名圖片或說出人物的動作或狀態與回答簡單問題：「這是什麼？在哪裡？他在做什麼？」
5. 會用手指出常見的文字或符號，也會嘗試拿筆塗鴉	例如：指出數字或字母；拿筆在紙、桌子、牆或任何物品上塗出顏色，想留下痕跡。

2～3 歲：語意萌發期	
讀寫萌發發展指標	可以觀察到的行為
1. 喜歡故事或知識小百科	例如：只要是自己喜歡的圖片與風格的書都想翻一翻，像是恐龍、車子、動物類的書籍。
2. 理解簡單故事的事件情節	例如：在閱讀時會與你討論故事，也可以將故事內容與生活事件相連結。
3. 會用自己的話來重述故事	例如：可以說出自己的生活經驗，或創造一個類似於閱讀過的故事，或是說出故事主角的反應、動作或即將發生的事。
4. 知道常見文字或符號的意義，且想嘗試寫或畫出來	例如：看到 M 的標誌說：「麥當勞」；在紙上畫一些線條或圈圈，說這是車子。
5. 會嘗試將看到的文字或符號唸出可能的發音	例如：用手指出並唸出會的符號、字母、數字、自己的名字。

貳、與人群接軌：
寶寶的社交溝通

前言

　　寶寶出生來到這個世界後，便開始探索周遭的人、事、物，隨著視力和聽力的發展，逐漸讀懂父母的表情與聲音，也會用各種不同的聲音和肢體動作來回應。寶寶的發展相當快，伴隨著認知發展，學會了仿說，學會了第一個字詞，也開始使用詞彙在日常生活中表達自己的意思。寶寶深深知道用語言與他人互動會很方便，可以達到自己想要東西的目的，滿足自己的情緒需求。大約 1 歲半以後，寶寶的認知會快速發展，他們想要或需要的東西會更為多元、更為複雜。寶寶想要被理解，也想要了解別人，學來的詞彙不再是量的多寡，而是能夠用在合適的溝通，開心的與他人互動，這就是社交溝通發展的開始。

　　社交溝通看似簡單，但它需要整合寶寶許許多多的能力，方可達成，例如：要有好的情緒能力、認知能力、專注力，符合年齡發展的溝通語言表達力與理解力，更需要知道什麼時候該說話、什麼時候該閉嘴。寶寶的社交溝通能力，如同一株開花結果的樹，需要父母天天不斷的澆灌，其具備的語言能力及互動技巧有如強壯的樹根要紮穩，而樹幹的一邊是社會認知能力（心理層面），另一邊則是社會互動能力（技巧層面），這些都需要同時整合，如同陽光、空氣與水，環環相扣，緊密相連。

　　簡而言之，若寶寶有為數不少的詞彙量，但不會使用，或是專注力不足，或是情緒調控不好等，都會導致社交溝通有問題。以下說明如何了解寶寶每個階段的社交溝通發展能力，並提供簡單的引導技巧，供父母參考。期盼寶寶未來是一位社交溝通的高手，有傑出的社會互動能力、領導能力與人際溝通能力。

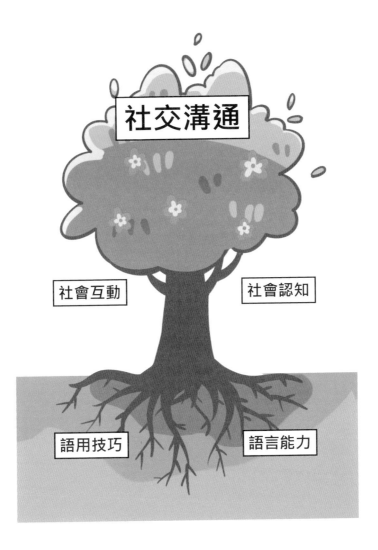

1.什麼是社交溝通？

社交溝通（social communication）指的是，適切的使用語言溝通與非語言溝通之技巧，進而影響與他人社會互動的效能[1]。簡單的說，優質的社交溝通不僅僅是要會說話，還要會互動，更要符合當下社會的社交規範與習慣。因此，社交溝通能力好的人在與他人說話互動時，會看場合、看臉色、看時機；反之，社交溝通不良的人，容易出現說錯話、會錯意、離題等狀況，被描述成不禮貌或搞不清楚狀況、很白目的人。

近代有許多研究開始把社交溝通的內涵描繪得更加清晰，強調兒時社交溝通發展的重要性，讓父母在養育寶寶時，能更注意寶寶社交溝通的均衡發展與方向。0～3歲寶寶社交溝通主要有**四個向度**[1]，這四個面向彼此間緊緊相扣、同時發展，各向度又可以包含數個能力，說明如下。

社會互動

- 互動社交能力。
- 參與活動與他人遊戲。
- 使用禮貌性用語。

社會認知

- 情緒能力（情緒表達、情緒理解）。
- 共享注意力。

語用技巧

- 非口語溝通（手勢、臉部表情、眼神接觸）。
- 主動溝通（提出要求、表達意見）。
- 對話技巧（維持話題、轉換話題、回應他人、一來一往對話）。

語言能力

· 口語的理解與表達。

　　在此使用下圖來說明社交溝通的四個向度與每個向度包含之元素，當寶寶有一些狀況時，父母可以簡單分析可能的原因，並找語言治療師諮詢。在最後部分也會舉例說明。

社交溝通內涵

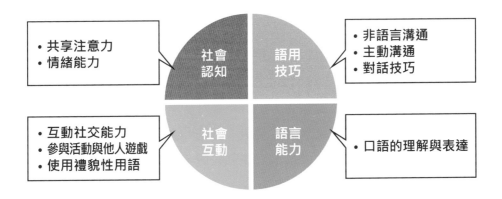

🎁 2.寶寶的社交溝通發展大致可分成哪些階段？

　　0～3 歲寶寶的社交溝通發展大致上可分成四個階段，以下提供每個階段的觀察重點 [1、2、3、4]。父母可以參考各個階段的重點，了解寶寶在社交溝通發展的現況，給寶寶適齡的引導。

探索期（0～6 個月）

　　剛出生的寶寶開始學習認識爸爸、媽媽的臉、聲音還有味道，藉著眼神接觸與人建立互動關係。這階段的寶寶會發出各種不同的聲音（如哭聲、笑聲、嗯嗯聲等），而且會模仿主要照顧者的音高和說話聲音，也會出現各種表情，例如：微笑、皺眉、厭惡、恐懼、傷心、憤怒等，父母需要在頻繁的互動中了解寶寶的溝通意圖 [5、6]。另外，寶寶也會學習用聲音、表情、身體動作，來表達想睡覺、肚子餓、很開心或身體不舒服等。約 6 個月左右，寶寶開始喜歡玩搗臉、躲貓貓遊戲，透過玩樂會更願意與他人社會互動。父母可以多多的和寶寶說話、唱歌，讓寶寶開心。這時期的寶寶天天探索這個世界，以及周遭的人、事、物，其社交溝通發展是透過非語言溝通及初始語用技巧來習得。

肢體手勢動作期（7～12 個月）

　　寶寶肢體手勢動作的發展可簡單分為「指示性手勢」和「描述性手勢」，這是還不會說話的寶寶一項重要之表達性溝通能力，寶寶會藉著簡單的肢體手勢動作來表達自己想要的意圖。一般而言，

6～9 個月大的寶寶會出現「指示性手勢」，包含給、推、展示、伸手拿、指、丟等動作，例如：將玩具「給」人、將人的手「推開」，用來與人互動或轉移他人注意力至某物或某事上。「指示性手勢」比較是人類生存的本能，簡單提示就會了。至於「描述性手勢」是需要學習的，例如：揮手表示「bye bye」、點頭表示「同意」、搖頭表示「不要」、拍拍手表示「高興」、揮動臂膀代表「學小鳥飛翔」等。這些看似簡單的動作，對 7～12 個月大的寶寶而言，除了需要有眼神接觸、短暫注意力、記憶力等社會認知能力的配合，還需要知道溝通對象是誰、內在的溝通意圖，以及了解手勢動作表徵的語意。寶寶在這階段已逐漸將非語言溝通用於與人互動之社交溝通。

口語初期（1～2 歲）

　　1 歲以後的寶寶，嘴巴會説個不停，天天都在説話。這時期非常的可愛，天天都會創造許多新的詞彙，有趣又好笑。他們可以使用簡單的詞彙表達溝通意圖，包括：説出物品名稱、表達想法意見、會抗議／拒絕、尋求他人注意、會要求自己想要的東西、會問候他人。他們慢慢開始學會用簡單字詞表達請求和回應，也會同時使用手勢動作與口語進行溝通，例如：看到飛機時，一邊用手指著飛機，一邊説「機」（代表看到飛機），或者在抗議時説「不要」、「不要」。寶寶對「是什麼」、「在哪裡」的問題較能回應，但對「為什麼」就難以回應。此階段寶寶對語意字詞的理解正在快速萌發中，雖沒聽懂對話內容，但還是會回應，例如：成人問「現在幾點？」寶寶會回答「3 點」，但其實他只是隨便説説。這階段寶寶的社交溝通發展著重在詞彙的擴展，以及學習一來一往的説話技巧。

互動初期（2～3 歲）

2～2 歲半的寶寶開始喜歡與人互動，想要交朋友，也想要一起玩遊戲、玩玩具，但是經常挫敗大哭，因為不懂如何與同儕互動。對話互動技巧成為這年紀寶寶社交溝通發展的重點，但這些看似簡單的技巧，對剛學會詞彙、短語的寶寶而言，還是很不容易。對話技巧包括：如何開啟／維持／轉換說話主題、如何回應他人，以及如何一來一往輪替說話，寶寶在每次的互動中學習，有時挫敗、有時順利，但總是愈來愈會溝通。

2～2 歲半的寶寶能主動開啟一個話題，講述此時此刻發生的事件，但該事件通常缺乏關係、順序的邏輯；2 歲半～3 歲的寶寶可用約 1～2 個語句，來述說日常生活周遭的事件；3 歲的寶寶則可以描述自己的經驗，但聚焦仍不夠成熟，若在父母的提示與協助下，則可以來來回回數次互動，而說出像是「去動物園」的經驗。總之，這時期的寶寶正在快速使用已學到的語言來交朋友、參與團體活動、述說自己的想法與理解別人的感受，享受溝通的樂趣。

總之，寶寶在這 3 年從面對面的非語言互動到可以用語言完成他所想要達到的溝通意圖，喜歡用語言與朋友一起遊戲，一同合作完成簡單的作品，也會簡單的陳述生活經驗。寶寶的未來將能更快速的學會情緒調控，用語言去擴展學習各種知識，也用語言學習閱讀，娛樂自己與他人。

3. 探索期寶寶如何與他人「兩點」互動？

當寶寶呱呱落地時，社交溝通就開始發展了，並逐漸邁向社交溝通發展的第一階段：**探索期（0～6 個月）**。寶寶在此階段會開始探索世界、對他人產生興趣，並願意與他人產生互動，探索與嘗試什麼是溝通，並做出有時是反射性或對刺激的反應行為，而這些行為是要靠父母來猜測寶寶溝通的意圖。

探索期寶寶的注意力集中在「**面對面的互動**」或稱為「**兩點互動**」（dyadic interactions）[7]上，這指的是寶寶在互動中會把自己的注意力來回集中在兩個點上，一個點是自己，另一個點是某個人或事物，例如：寶寶從出生時便會注意到父母，喜歡看著父母，甚至學習模仿父母的臉部表情。兩點互動對寶寶的社交溝通發展很重要，例如：

- 注意面前的人，開始與他人發展情感與溝通的連結，此也是模仿力的開始。寶寶會用不同的聲音模仿父母的聲音，例如：呱呱叫、嘎嘎叫。對著鏡子時，也會看著自己，此時父母可以回應他的聲音，這樣會幫助寶寶很快學會說話。
- 與父母一來一往的發出微笑或聲音，好像在對話。寶寶會等大人先說，自己再說，這樣的輪替，也就是未來對話的基礎。
- 由互動中學習認識各種溝通線索，例如：觀察他人的表情、動作、聲音後，寶寶便可以預測接下來會發生什麼事！因此，父母與寶寶一起哼唱兒歌，增加互動，寶寶就會間接知道聲音有韻律。

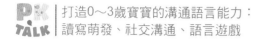
 4.0～6個月寶寶的社交溝通發展指標

以下是0～6個月（探索期）寶寶的社交溝通發展指標，你觀察到了嗎？

ST 說給你聽

與探索期寶寶發展社交溝通的祕訣：
- 常常與寶寶面對面做近距離的互動，讓寶寶容易觀察到你的聲音、動作、表情，例如：與寶寶面對面時，叫他的名字逗弄他。
- 多多回應或模仿寶寶的各種聲音、動作、表情，讓寶寶覺得你很有趣，進而引起想要與你互動的動機。

5.你丟我撿，一來一往樂趣多

　　大約在 7 個月大左右時，寶寶即邁向社交溝通發展的第二階段：**肢體手勢動作期（7～12 個月）**。寶寶在此階段與他人的溝通更為主動，開始有意圖的使用**一致的「聲音」、「動作」、「表情」」**來與他人溝通。每次與父母快樂的互動經驗，都可以讓寶寶學會更好的溝通技巧。此階段的寶寶喜歡玩「你丟我撿」的遊戲，例如：丟水瓶、奶瓶、湯匙、玩偶等，練習兩人一來一往輪流玩樂，也奠定未來與他人聊天對話來來回回的能力。

　　肢體手勢動作期寶寶與父母的兩點互動會愈來愈熱絡，也會從被動回應轉變成主動開啟溝通的角色，寶寶會用更為多元的聲音、動作、表情吸引父母的注意。通常在 8 個月大時，其社交溝通發展會邁入另一個里程碑：「**共享注意力**」（joint attention，又稱為共同注意力），這指的是兩個人有目的的把焦點放在彼此共同想關注的人、事、物上之注意力，互動對象會由先前的兩點互動變成**三點互動**（triadic interactions）[7]。此時，父母可以觀察到寶寶看他人臉色與互動能力進步神速，相較於之前的兩點互動時期，寶寶只能將注意力放在一個人或事物上；三點互動時期則是有能力將注意力從人轉移到事物之後，還能夠再次返回到人，例如：寶寶想跟父母分享會發出聲音的車子玩具時，會看看父母、看看車子、再看看父母（維持互動的三個點是：寶寶、車子、父母）。此時，寶寶即突破了自我期，小小世界變得愈來愈大。

共享注意力對寶寶的社交溝通發展扮演著關鍵角色

　　寶寶能夠學習如何在互動中將**自己的注意力做轉移**，來吸引他人，或要求想要的東西，也能與他人分享自己注意到的事物，而這些能力是社會互動與社會認知的開始。

共享注意力是語用和語言學習的基石，例如：寶寶會好奇的用手指向會唱歌跳舞的玩具熊，然後回頭看看媽媽；當媽媽與寶寶的眼神互看時，他們除了彼此交流情感之外，媽媽可以做出跳舞的動作，並說出「跳舞」一詞，以回應寶寶的想法。此時，雙方的共享注意力是在幫助寶寶注意，並連結到視覺動作與語言間的關係，讓寶寶學習到「跳舞」這個詞彙。

 6.7～12 個月寶寶的社交溝通發展指標

以下是 7～12 個月（肢體手勢動作期）寶寶的社交溝通發展指標，你觀察到了嗎？

ST說給你聽

與 7～12 個月寶寶發展社交溝通的祕訣：

· 與寶寶建立溝通平台，讓寶寶學習非語言溝通的方式，例如：想吃東西時，可以比出吃的手勢；拿到東西要點點頭，表示謝謝；問寶寶要不要什麼東西時，可以等寶寶點頭或發出聲音回應後，再給寶寶。

· 與寶寶說話時可以同時搭配聲音、動作、表情，讓口語和非語言一起成為日常生活溝通的一部分，例如：丟球給寶寶時，可以做出有趣的表情，並說「球」，然後做一個丟的手勢。

· 在遊戲中，可以模仿各種動物、交通工具的聲音與動作，例如：小鳥飛飛、飛機飛飛、狗狗汪汪、兔子跳跳跳。

7. 寶寶是溝通語言模仿王嗎？

寶寶在 1 歲左右會漸漸發展出有意義的口語，此即邁向社交溝通發展的第三階段：口語初期（1～2 歲）。寶寶在此階段的溝通能力更為豐富，除了能夠使用「聲音」、「動作」、「表情」、「手勢」與他人溝通外，也漸漸發現語言的奧妙，可以有意圖的使用語言來表達自己的想法，例如：**看到外面的小鳥吱吱叫，會雙手揮舞學小鳥的動作，且會模仿吱吱叫的聲音；**當媽媽問「球球在哪裡？」時，寶寶會用非口語的聲音、動作、表情、手勢來表達他尚未學會的詞：「廚房」，表示煮飯的地方，回應媽媽的問句。而每次與父母的對話經驗，都可以讓寶寶有更多機會學習一來一往的說話輪替，同時理解與使用學習到的詞彙。

美國印第安納大學有一個很有趣的調查[8]，研究人員找了 147 位 8 個月半～10 個月半間的寶寶，並在他們頭上裝上錄影設備，以了解寶寶在用餐時眼睛都在看什麼。結果發現，寶寶眼睛注意到的東西，大多數是熟悉的物品，且多是名詞，如奶瓶、食物之類，而這些詞彙也大多是 16 個月大的寶寶可能會發展出來的詞語。因此，該研究推論寶寶的視覺體驗可能是影響其說出第一個詞語的關鍵，也就是寶寶會把常看到的熟悉事物存入他的視覺記憶，然後再漸漸的把聽到的詞語與熟悉的事物慢慢連結起來。這結果說明了，提供寶寶豐富的生活經驗及與他人有意義的互動，能增進寶寶的社交溝通能力。

ST說給你聽

促進 1～1 歲半寶寶發展社交溝通的祕訣：

- 描述與評論寶寶當下正在看的事物，例如：看到小狗在叫，父母可以說「狗狗，生氣」。
- 在生活中製造意外驚喜，可以與寶寶碰撞出更多溝通的火花，例如：吃飯時不放湯匙，讓寶寶向父母表示湯匙不見了。
- 在生活中示範說出詞彙的語言功能，例如：在每次進門前，可以跟寶寶說「電鈴，按」，久而久之，寶寶看到電鈴便會說「按」。

8. 讀你千遍也不厭倦，寶寶能讀懂你的心嗎？

　　情緒的理解與表達是人類與生俱來的基本能力，寶寶出生不久後，就會對有興趣的人、事、物「笑」，表達開心的樣子，此是人際互動的初始。至於「哭」，則是表達肚子餓或身體不舒服等的方式。4～8 個月大的寶寶就會表現出「憤怒」的樣子，特別是父母沒有滿足寶寶的需求，例如：還沒有吃飽或是需要抱抱的時候。同時，寶寶也會開始察覺媽媽的表情。8～12 個月大的寶寶會開始學習理解他人的情緒與表情，例如：父母藉由聲音、動作、表情等，讓寶寶理解「不可以」的指令。

　　1 歲以後，寶寶會有更多樣的情緒，例如：會好奇、會抗議、會表達愛的需求等。約 1 歲半左右，寶寶能辨識他人的情緒（如從表情判斷出是開心或難過），且了解情緒可以反映出他人的內在想法，例如：最熟悉的媽媽手指被夾傷時，寶寶也會出現同理的情緒，學會用非口語的聲音、動作、表情來安慰媽媽。至於情緒的表達，約在 2 歲時，會慢慢學會清楚了解自己的情緒並表現出開心、害怕和生氣的樣子，例如：不小心打翻牛奶時，害怕挨罵，會大哭；寶寶咬了媽媽的手指，媽媽以假哭來回應時，寶寶也會難過的哭哭，並且拍拍咬媽媽的地方。這些溝通行為表現與情緒發展息息相關。

　　寶寶的情緒控制能力，約需要到 2 歲半左右才會發展出來。當語言理解與表達愈來愈好時，便可以在互動的情境中學習，例如：需求無法立即滿足時，會學習不爆怒，可以等待；被禁止的時候，可以學習聽話。在這個階段，需要父母正確解讀兒童的情緒，兒童就能較快學到情緒和事件的對應性，以及情緒如何影響自己與他人。最終，寶寶就能學會控制自己的情緒，也能學會自己平復情緒，更懂得照顧他人。因此，寶寶看到你的手指被門夾到，大約要到 1 歲半～2 歲以後，才會拍拍你的手指、安慰你。

ST說給你聽

學習觀察與回應寶寶的祕訣：

- 停：與寶寶互動時，你不需要急著一直說話，可以等待寶寶幾秒，看看寶寶有沒有對你傳遞訊息，例如：對你微笑、動動手臂等，給寶寶更多主動開啟溝通與參與活動的機會。
- 看：觀察寶寶現在的興趣在哪裡，例如：是不是在看音樂旋轉鈴？
- 聽：聆聽與猜測寶寶試圖想要告訴你的訊息，儘管這些訊息可能不是口語或是不完整的聲音，例如：寶寶對你咯咯笑，好像在告訴你什麼事一樣，你也可以用笑聲回應，增強寶寶更想與你溝通的意圖。

9.化無形為有形，搞定 2 歲寶寶情緒溝通的五
撇步

　　許多父母面臨寶寶的情緒，常常束手無策。情緒不能用口語暴力、肢體
暴力去解決，它或許可以收到短暫且立即效果，但常常會導致惡性循環，使
寶寶愈來愈難帶。對於口語理解與表達有限的寶寶，父母該怎麼做呢？如何
將情緒的感覺與使用的詞彙配對，以下提供一些簡單易行的方法。

・試著和寶寶討論什麼時候覺得很快樂。

我好快樂　　　　我喜歡坐火車

我喜歡看影片　　　　　媽媽親親　　　　　我會高興大笑

・拿著繪本書，請寶寶指出哪一個寶寶看起來很快樂。
・直接表演自己快樂的感覺，再讓寶寶也用自己的方式表達快樂。
・試著和寶寶討論什麼時候覺得很難過。

我很難過　　　　　我覺得不快樂　　　　　我生氣玩具壞了

我受傷時很難過　　　　我會哭　　　　　哥哥對我大吼

我告訴爸爸或媽媽

我難過要抱抱

- 最後將 8 種情緒圖卡（快樂、生氣、擔憂、驕傲、難過、興奮、驚訝、害怕）整理成一個情緒溝通輪（最好有兩套），當寶寶覺得有情緒時，可以隨時在溝通輪指出當下的情緒，父母也可以拿著溝通輪讓寶寶猜猜父母的感覺。

　　總之，父母需要用非常簡單的聲音、動作、表情，明確的引導寶寶理解並表達每種情緒。父母需要有耐心，藉由不斷的練習，利用當下各種情緒爆炸的情境中，立即處理，才會特別有效。寶寶約從 1 歲半開始，可以藉由情緒圖卡的引導，學會理解和表達自己與理解他人的情緒，這可為未來要進入幼兒園（幼幼班），與同儕互動、結交朋友奠定良好的基礎。

10. 手足出生，寶寶的世界崩解了，此時該如何溝通？

　　嫉妒是一種十分複雜的情緒，當一個人感覺到來自第三方關係的威脅時，嫉妒便會油然而生。從心理學角度來講，嫉妒是一種本能，是為了保護自己應有的權益，同時也害怕被遺棄，它會合併憤怒和屈辱等各種不安全感。大約 2 歲左右，寶寶會出現忌妒的情緒，特別是家中有新的弟弟或妹妹來到的時候。然而，寶寶的口語理解與表達能力尚在初期發展中，情緒的理解與表達都還沒有成熟，**無法說出自己的情緒**，更無法控制自己的心情，**而成為難搞的 2 歲寶寶**，到 3～4 歲時抵達高峰。寶寶為了引起父母的注意，會表現出咬人、抓人、踢人、打人等直接的攻擊行為，也可能出現不說話、尿床、吸手指等焦慮行為。

　　對一個才 2 歲的寶寶而言，他們的溝通語言能力才在詞彙增加的階段。似懂非懂的寶寶，面臨的是父母全部的愛瞬間被分割，但是又沒有足夠的口語能力說出自己的感覺與情緒。從人類生存的本能而言，最直接的方法就是打倒威脅者，所以偷偷打剛出生的弟弟或妹妹是保護自己的最佳方法。從社交溝通發展的角度來看，**父母可以給 2 歲寶寶每天一段專屬的陪伴時光**，用上述方法引導寶寶說出自己的情緒，並請他**擔任小幫手，肯定他的表現**。父母千萬不要用以下這些話來刺激寶寶，例如：「你壞壞，偷打弟弟，弟弟乖乖不會亂哭」、「你是姊姊要愛護弟弟」等。對 2 歲寶寶來說，他們真的無法理解這是什麼意思，更無法控制自己的行為。

可怕的老虎

忌妒的狐狸

生氣的刺蝟

高興的兔子

難過的小狗

焦慮的貓咪

2 歲寶寶的情緒

11.2 歲寶寶的情緒風暴，很難溝通，我該怎麼辦？

　　寶寶約 2 歲左右，會開始學習自我克制，了解「不可以」就是「不行」，但還是沒有辦法完全控制自己的情緒和動作，例如：寶寶會一直想要玩插頭，當父母阻止時，他們常常不願意配合，愈說不行，就愈想要嘗試。這時，與其說「不可以」、「不行」等禁止的話語，倒不如給寶寶安全的手電筒或其他雷同功能的器具。此時的寶寶也會開始學習解決問題的能力，例如：學習自己穿外套、自己吹很燙的飯、自己打開養樂多、自己穿鞋等，當沒有辦法完成時，就會很生氣而導致暴怒。

　　在 2 歲寶寶的發展中，語言發展、情緒、社會互動，會共同運作來調節負面情緒並學習同理心，同時也會使用語言思考來解決問題。當父母正確的解讀寶寶情緒和說明情緒時，寶寶能學到該情緒和事件的對應性，以及情緒如何影響人的行為，這些知識會建立寶寶的社會認知，了解外在世界，幫助寶寶預測和計畫未來的互動。換句話說，這些經驗能幫助寶寶漸進的從人際間之情緒調控（父母幫助寶寶調節壓力情境），到達個人內在之情緒調控，於是寶寶就能獨立平復自己的情緒，最終學會照顧他人[9]。

　　至於試著自行解決問題的能力，也需要足夠的語言能力才能尋求協助，或聽懂一步步的說明，在不斷的嘗試錯誤中，找出自己的方法。這階段的寶寶非常需要父母的耐心，而父母自己的情緒管理則會深深影響寶寶的情緒發展與解決問題的能力，最終會決定寶寶社交溝通能力的發展。

🎁 12.高 EQ，從小訓練起

　　寶寶出生的第一年，需要很多的照顧，他不需要去注視父母的臉部表情，他不知道父母眼睛張大大、眉毛抬高高，是很驚訝的表情。大部分寶寶只有在尋找父母的安慰時，才會去搜尋父母的臉在哪裡。約 5～6 個月開始，寶寶會跟隨著父母眼睛注視的地方看人、事、物。藉由不斷的互動中，慢慢的學會看父母的眼睛、臉部表情、動作等，以了解父母欲傳達的意義，例如：媽媽看到一隻小狗，很開心並摸摸牠，寶寶也會想跟著試試看。一般而言，**寶寶自幼在父母引導下，學習察顏觀色，長大後會有較佳的 EQ**。

　　寶寶在 2 歲之後，通常會更主動的看他人表情，與人說話的時候，會面對面看著對方，特別是注視他人的眼神，試著了解話語隱藏的含意。**眼睛主導了臉部表情中很重要的部分**，坊間的許多貼圖都很強調眼睛的表達功能，應驗了「眼睛」會說話的俗語。一些有社交溝通發展問題的孩子，通常在幼兒早期就沒有辦法注視他人的臉部表情，而比較會看父母的嘴唇動作，多過於注視眼神。

媽媽並未開口，但寶寶可以由她的臉部表情與肢體動作，
以及空的糖果罐，去讀懂「媽媽沒有」的訊息。

寶寶從媽媽的表情和動作，清楚知道她的感覺和想法，了解自己惹麻煩了。

寶寶發現爸爸的目光焦點，所以知道爸爸想要買咖啡。

　　由上述三個例子能知道，寶寶看到父母的表情和動作就可以理解父母當下的想法，並且做出適當的回應。我們周遭通常會有一些比較「白目」的人，他們不是沒有感覺，就是將對方情緒解讀錯誤，導致有「溝」沒有「通」。以下簡要說明寶寶使用非口語溝通的內涵。

13. 寶寶看懂臉色、聽懂口氣比會說話還重要： 非口語溝通能力的引導

非口語溝通是指，使用表情、手勢、肢體動作、觸覺、眼神、口氣、語氣、語速等來傳達溝通的意圖及訊息，包含以下幾項。

臉部表情

指用眼、耳、鼻、眉、口、皮膚色澤（如臉紅表示緊張、尷尬）等臉部動作來傳達訊息，也就是俗稱的**表情眼神**，例如：擠眉弄眼、瞠目結舌、目瞪口呆等，眼神可傳達最多的溝通訊息。

肢體手勢動作

指用彼此了解的動作表達需求或感情，例如：以點頭、搖頭、微笑、拍手、抱抱、指認等肢體手勢動作的運用，寶寶就可以達到溝通的目的。6～9個月大的寶寶會出現「指示性手勢」，此是人類生存的本能，只要簡單提示就會用了，例如：「伸手拿／接奶瓶」、「觸摸玩具」、「抓握／抓取棒棒糖」、「打開／撕開／放開／轉動／撥動／搖動／翻開／闔起來手中物品」；又如：將玩具「給」人、或將人的手「推開」，用來與人互動或轉移他人注意力至某物或某事上。約 9 個月後的寶寶，慢慢會用「描述性手勢」，例如：揮手表示「bye bye」、「拍手、親親、抱抱、點頭、搖頭」等，都是非口語的表達性溝通，它是需要學習的，寶寶使用愈多的肢體手勢動作來表達需求，會為未來的口語表達能力奠定良好基礎，即使遲語兒也需要先學會一些肢體手勢動作表達技巧，然後再進入口語的學習。

嗓音

　　是指透過說話的口氣、語氣、語速之變化，以傳達情緒，例如：音調、語調高低的變化，可以傳達高興、興奮、害怕、嘲笑、諷刺、忌妒等語氣；說話快慢可以表達情緒是否緊張或急躁；音強、重音與停頓的變化，也可以表達命令、禁止、生氣、害怕、恐嚇等情緒；輕聲細語可以傳達安慰、關心等感覺。寶寶約在出生後不久，就會開始學習父母嗓音變化所欲傳達的情緒。

　　總之，2～3 歲的寶寶若能夠讀出非口語溝通傳達的訊息，溝通能力的**發展將跨越三大步**：可以了解他人說話隱藏的含意；可以預測他人將要做的事情；與他人對話時，能夠做出適當的回應。舉例來說，寶寶發現有人聽不懂他講的話，他會用別的方法再說一次；看到別人很傷心，他會展現出同理的行為等。寶寶能理解他人的需求和感覺，這對未來進入幼兒園的適應，至關重要。

14. 如何引導寶寶讀懂非口語訊息

如何引導寶寶學習理解與使用非口語溝通？與其要求寶寶一直看著父母的眼睛，倒不如想一些方法來吸引他們的注意，以下提供「六要、三不要」給父母參考。

六要

掌握需求，掌握溝通

父母可鎖定寶寶當下需求與有興趣的東西，或是每天為寶寶設計出許多的需求，例如：寶寶肚子餓了，看得到吃不到時，會拉媽媽的手去拿食物，這時媽媽可以用眼神、動作、聲音加以回應；其他像是想玩吹泡泡但打不開、想玩玩具需要轉發條，或玩具放太高需要幫忙拿……等。

面對面

讓寶寶覺得看著父母的臉是很重要的，父母可以呈現給寶寶一個慈祥、和善、有安全感的臉，沒有命令指導、沒有凶暴的臉，此外也要讓寶寶能比較容易看到你的眼睛。父母可以誇大的動作、手勢和臉部表情來代替口語表達，如果寶寶轉頭離開，也要跟著他，試著再次面對面。如果他不喜歡面對面，一開始可以坐在他的旁邊，然後往前靠近他，讓他能夠看見你的臉，特別是要鎖定住寶寶的眼睛，這時就鎖定住溝通了。

等待

掌握寶寶需求並移動到能與寶寶面對面的位置，然後等候 5～10 秒，讓寶寶的眼睛先看你，露出想要的眼神，而不需要急著滿足寶寶的需要，而是要利用短短的時刻鎖定住寶寶的眼神。等待時，展現期待的表情，往前靠

近、眉毛上揚、眼睛睜大。一次只給少許的點心或玩具，不要立即滿足寶寶的需要，在短短的時間內讓寶寶提出需要的次數增加，有如玩遊戲般吸引寶寶看著你的眼神。

打破慣例

父母與寶寶每天的互動模式，常常已建立慣例，但要如何打破慣例呢？製造小驚喜會帶來意想不到的溝通互動，例如：故意做錯一些小事情，像是吃飯找不到湯匙、出門少了一隻鞋子、養樂多打不開等。此時，寶寶會充滿好奇，想從父母的臉上找到答案，因為寶寶喜歡看到父母犯「愚蠢的錯誤」。

5S 原則

- 簡短說（short），使用簡短而有趣的語詞，吸引寶寶注意父母的臉部表情。
- 慢慢說（slow），以慢速呈現動作與臉部表情，說話時可加入一些動作來放慢速度。
- 強調說（stress），運用生動的聲音與手勢動作來表達，吸引寶寶注意看和注意聽。
- 少說（say less），話不必要多，讓寶寶聚焦在你的臉部表情。
- 視覺支持說（show），展示或指給寶寶看，以手勢動作和臉部表情來表達或以圖片來輔助。

玩眼睛遊戲

以尋寶遊戲為例，先讓寶寶看父母要藏起來的東西（如糖果和玩具更有吸引力），確認寶寶正在看著父母的眼睛，然後用誇大的表情，先微笑看著寶寶，再將目光移至目標物藏匿之處。如果寶寶沒有看向父母所指的地方，可將手靠近寶寶的頭部，讓他能沿著父母的手臂看到手指的方向。持續進行

這個活動，直到他能夠輕鬆的跟隨父母的目光而找到目標物。

$\boxed{\text{三不要}}$

- 不要一直用「看我」的口語提示。
- 不要一直叫寶寶重複模仿相同動作，寧可自己多做示範。
- 不要立即滿足寶寶需要，寧可等個 5～10 秒，觀察寶寶要什麼。

　　總之，透過讀懂臉部表情、肢體動作及聲音，可幫助寶寶理解他人的需求和感覺。當更能理解他人的想法後，寶寶將可與他人更契合，會發展出良好的人際互動，讓對話輕鬆、易懂且有趣。以上內容可參考 Sussman 的著作 [10]。

15. 1～2 歲寶寶的社交溝通發展指標

以下是 1～2 歲（口語初期）寶寶的社交溝通發展指標，你觀察到了嗎？

16. 寶寶會知道別人的心情嗎？

在前述議題 12 中，若寶寶可以讀懂他人的表情、肢體語言，他就可以學習了解他人的感受，也能了解語言背後的含意，他也可以預期別人將怎麼做，並根據上述訊息，做出適當的回應。接下來，對 2 歲寶寶來說，重要且有趣的問題是：搞懂別人的腦袋裡在想什麼，這時候的寶寶是心智理論萌發之初期。**心智理論（theory of mind，簡稱 TOM）指的是，能設身處地的用他人觀點思考，了解他人看法、當下情緒，並分辨事件是真實與虛假，繼而預測他人行為的能力。**了解他人的想法和信念與自己不同，對 2 歲寶寶是很重要的，這樣他就不會那麼自我中心，而能開始觀察環境、他人語言、行為、情緒與溝通意圖，並做出反應。協助寶寶同理與理解他人想法、感受與立場，可以讓他們更容易與他人對話以及建立人際關係。

至於同理心是指，個體必須先覺察另一個人的情緒狀態，站在對方立場

沒有一個人可以完全了解別人腦袋裡在想什麼。

設身處地思考的一種方式，在與人互動過程中，能夠體會對方的情緒、想法和感受，並站在對方的角度思考和處理問題。同理心是社會認知的核心要素之一，在人際互動與良好的社會適應中扮演著關鍵角色。寶寶約在 2 歲之後會有同理心的出現，他們開始覺察另一個人的情緒，並與他人情感連結。寶寶若無法覺察他人情緒，在後續與他人的情感連結中就會遇到同理困難之狀況。

3 歲寶寶雖然知道他人擁有自己的想法，但在推測真正想法、動機上仍有困難，而會以為別人知道的事情跟自己相同，還無法理解他人被欺騙後會有錯誤信念（false belief）。因此，日常對話對寶寶的心智能力發展相當重要。寶寶可藉由與父母的互動中，說出自己的想法、也聽出父母的意圖，學習心智理論中的核心概念。在家庭成員間，包括手足，若常談論感覺及事件的因果關係，對增進寶寶的心智理論發展幫助極大。2 歲半之後，當**寶寶看到弟弟打疫苗時會問：「你痛痛嗎？」或者會拍拍弟弟說：「好痛痛。」**

17. 寶寶學會哪些詞彙可以加速引導其讀懂彼此的心？

寶寶與父母的契合是一個複雜之過程，幸運的是，父母可以常常陪著寶寶說話與玩樂，讓彼此的契合度變好。寶寶通常會藉由父母常常說出有關於他人的內在想法，而學習怎麼去了解他人，因此父母要常常說出自己與他人的想法和感覺，並說明為什麼他們會有這些想法和感受，例如：爸爸覺得很熱，可是我覺得很冷。

2 歲以後的寶寶已學會至少 300 個詞彙，正是可以使用這些詞彙，相互討論達到彼此契合的溝通。以下會列出**哪些詞彙可用來表達內在感受**，以及這些詞彙如何融入每天的說話當中，最後寶寶就能學會這些契合的詞彙，並在日常對話中運用，慢慢的也會學習到如何把自己的想法說出來。

在初期時，寶寶需要先明白**每件事情都會有一種以上的想法**，不同的人對許多的事情都有不同的看法。父母可以用**對照性詞彙**，例如：「媽媽**喜歡**巧克力，爸爸**不喜歡**」、「寶寶**喜歡**巧克力冰淇淋，但是我**喜歡**草莓口味」、「我的帽子顏色和爸爸**一樣**，和媽媽**不一樣**」、「你要玩車車**或**吹泡泡」等。父母可以多讓其他人說出自己的喜好，這樣**寶寶才能一併學習先了解自己的喜好，再去了解他人的想法**。

對照詞性彙

一樣／不一樣　喜歡／不喜歡　全部／一些　或　以前／現在
現在／等一下　但是

當寶寶知道每個人的想法和喜好都不一樣之後，父母可以進一步與寶寶討論，如何知道他人想要的吃喝玩樂選擇之結果，以下說明簡單的引導與詞彙運用。

理解他人想要的

當寶寶可以理解他人想要的人、事、物，便可以預測他人的行動與感受，然後可以用這個資訊來想出如何回應他人。接著，寶寶可以開始預測如果他人沒有得到想要的，他們會有什麼反應，例如：會大哭、會生氣。再來就是如何安撫生氣的人。引導方法如下：

- **先談論每個人的偏好**：你要鬆餅，爸爸要貝果，妹妹要麥片，我要每個都吃一點點。
- **預測得到與沒有得到想要的東西時之感受**：喔喔！這裡沒有麥片了，妹妹要生氣了。
- **教導寶寶如何對他人的感受做反應**：我們可以告訴他，今天試試看鬆餅好不好。

寶寶可使用的詞彙

要　喜歡　愛　希望　想　比較　喜歡／寧願

人們想要的人、事、物通常是較為具體且可以操作的，而寶寶需要學習了解他人大腦裡的想法，可能是一種感覺、記憶、信念、評論等。以下說明簡單的引導與詞彙運用。

理解他人的想法

在進入這個階段的時候，父母平常可以在對話中使用「想」、「知道」和「忘記」這些詞彙，例如：「讓我想想看」、「我想那會很好玩」、「我知道你會做的」、「我忘記了我的鑰匙在哪裡」、「我想外面天氣很熱」等。

鼓勵寶寶試著說出自己的想法，是了解他人想法的開始，也是與他人契合的重要關鍵。寶寶初期喜歡用「我知道了」、「我不知道」回應，父母可以利用這個機會，幫寶寶詮釋當下情境，連結「想」與「知道」的意義。

寶寶可使用的詞彙

覺得／不覺得	知道	忘記	記得	了解	懷疑	相信	希望	想像
我有個主意	猜	搞明白／清楚	提醒	驚訝	恐怕			

接下來，寶寶可以開始學習因果關係的連接詞，例如：「因為……所以」、「如果……」。舉例來說，小美很失望，**因為**她想要一個洋娃娃當生日禮物；**如果**我給小君一塊蛋糕，她會很開心；我給小明一部小卡車，他**就**會喜歡我；小靜不想去公園玩，**所以**留在家裡。

當寶寶想到將來會發生的事，會針對預測做一些行動，例如：**因為**等一下會下雨，**就**會帶傘出門。寶寶也可想到他人在想什麼，並預測他人下一步會做什麼事。這樣的能力可以協助寶寶知道要做出什麼樣的預備行動，對寶寶的社交溝通發展會有極大的突破。寶寶想到未來要發生的事件若是好事，他們會高興，反之會不高興（即使未來不一定真的會發生這件事）。

寶寶可使用的連接詞詞彙

因為……所以	如果……就	當	之後	之前／之後

3 歲寶寶心智理論的發展，大致到因果、假設與預期他人的反應，未來還需學習理解看到以致於知道（眼見為憑）、理解隱藏的感覺（弦外之音）、理解錯誤信念與假裝等。這些能力需要再幾年的時間，有的學得快，有的學得慢，但都是未來社交溝通能力的重要基礎。說真的，即使是到了成人，有時也很難揣摩到對方心意，甚至了解自己更困難。但當給予寶寶豐富的環境與正確支持，寶寶的心智解讀能力之成長也是可以期待的！以上內容可參考 Sussman 的著作 [10]。

18. 寶寶多大會開始結交朋友，他們會參與團體遊戲或互相協助嗎？

對寶寶而言，友誼很有趣，但也是很有挑戰的學習，因為有人喜歡獨處、有人喜歡交友、有人喜歡出風頭。每個寶寶的氣質不同、個性迥異，但人類先天是群居動物，很難一個人獨自生活，因此結交朋友、運用遊戲合作的技巧，對 2 歲之後的寶寶而言逐漸重要。然而，對寶寶而言，學習分享玩具、輪流騎腳踏車、互相幫忙一起過馬路等的技巧，並不容易。他們通常從 2 歲半開始喜歡交朋友，會有 1～2 個比較好的朋友，一起玩積木、一起探索遊樂場，也開始學習分享，例如：自己很想要玩泡泡機，但是朋友沒有泡泡機卻也很想玩，可不可以借他玩一下？

在持續互動的過程中，寶寶學習了解對方的想法和感受，也會開始注意到對方和自己的相同或不同之處。家中的兄弟姊妹逐漸成為他們學習社交溝通最好的夥伴，也是表達情感和彼此相愛的學習對象。漸漸的，寶寶進入幼兒園，面對的是較多的同伴，他們要學會聽懂同伴的語言，並合宜的回應，需具備良好的社會互動能力，例如：主動溝通（提出要求、表達意見）、對話技巧（維持話題、轉換話題、回應他人、一來一往對話）等。這些基本互動能力隨著寶寶的語言增長、社會認知、情緒調控，以及外在環境趨於多元，交友類型多樣化，而成為一輩子學不完的功課，也決定未來社會人際適應的能力。因此，自幼合宜的引導能提升寶寶社交溝通的能力。

19. 父母如何引導寶寶自幼學會交朋友？

　　大部分寶寶在 2~3 歲左右就開始交朋友，他們會發現一起追跑、一起玩水槍，真的很好玩。寶寶很快就能學會需要與朋友分享，也需要了解朋友的想法，否則就不好玩了。寶寶在交朋友的初期，需要父母的協助，引導其如何邀請朋友一起玩，如何等待、輪流與合作，讓遊戲可以順利進行，享受好朋友一起玩樂比一個人有趣的過程。每個寶寶的氣質不同，不是每個寶寶都喜歡熱鬧；然而，未來的世界更強調團隊合作，寶寶自幼被引導如何交朋友是社交溝通能力展現的基石。以下加以說明。

　　首先，**寶寶需要知道喜歡一個人，並不一定可以做好朋友**，好朋友需要有共同的興趣，彼此共享相同的玩具，學會輪流，不可做小霸王，且可以有足夠的語言溝通。父母協助寶寶之前，需要先了解現階段寶寶如何與玩伴互動。以下有一個簡單的檢核表，父母可以簡單的勾選寶寶目前的能力。

寶寶交友遊戲檢核表

☐ 1. 我的孩子都自己一個人玩。
☐ 2. 我的孩子會在靠近其他孩子或一群孩子的地方，自己玩自己的玩具。
☐ 3. 我的孩子會在其他孩子身旁與他（們）玩相同的玩具，還會向玩伴微笑、模仿玩伴的行為或是借玩具。
☐ 4. 我的孩子會與其他孩子玩肢體遊戲（如跑步、追逐或是溜滑梯）。
☐ 5. 我的孩子會與其他孩子玩輪替遊戲（如桌遊或是捉迷藏）。
☐ 6. 我的孩子會與其他孩子合作建構事物（如用積木蓋城堡）。
☐ 7. 我的孩子會與其他孩子玩假想遊戲（如商店或是餐廳）。
☐ 8. 我的孩子會參與其他孩子正在進行的遊戲。
☐ 9. 我的孩子會依循玩伴的想法玩遊戲（如玩伴在用積木做高塔時，孩子會繼續往上放積木）。
☐ 10. 一起遊戲時，我的孩子會和玩伴對話（也許一次遊戲中只有一、兩次）。

　　寶寶交友之初，大概都會先有一個最要好的朋友，以練習交友技巧。逐漸的，他可以在小團體與兩、三個小朋友玩樂。一般而言，寶寶在 2 歲以下大致都在上述第 1、2、3 階段，從獨自玩、觀察別人玩，到第 4 階段與其他孩子玩肢體遊戲（如跑步、追逐或是溜滑梯）。他們尚未擁有成熟的交友遊戲技巧，父母可以用下列策略來引導。

寶寶交友之初的引導策略

寶寶現有能力	引導策略
#1 沒有興趣和其他孩子一起玩。	將寶寶和其他孩子一起放在同一個地方一段時間，先觀察其他孩子之後，讓寶寶較願意和其他孩子一起玩。
#2 #3 對其他孩子正在做的事情感興趣。	讓寶寶先在其他孩子身旁玩，然後分享玩具，例如：從同一個盒子中拿積木拼出各自的高塔、在同一個軌道上玩自己的火車（雖然不是一起玩，但是個好的開端）。
#3 #4 已準備好加入一或兩個孩子的遊戲或是進行相同的活動。	一起唱歌或是跟著音樂做動作。
#4 會和其他孩子交換眼神或是微笑（開始產生交流）。	肢體動作遊戲（貓捉老鼠、追著足球跑）。

　　如果你的寶寶已經具備了上述 1 至 4 的能力，他就已經有了簡單的交友能力，特別是觀察別人怎麼玩，學習怎麼加入，例如：從追逐遊戲，或是一起跳跳床、一起唱熟悉的兒歌、比畫手指謠、大家一起共用畫筆畫自己的圖，到捏泥土與大家分享自己的作品等。這時候可延長一起合作遊戲的時間，或再加入更多的玩伴。當寶寶們都很喜歡一起活動時，自然而然就會開始對話。他們通常會先給對方意見，或是問問題，或是提醒對方（輪到你了）等等。**寶寶接近 3 歲的時候，可以開始玩一些假想遊戲，例如：輪流當客人、服務人員、老闆等。**父母可以使用下列策略來引導。

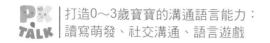
2～3歲寶寶的交友引導策略

寶寶現有能力	引導策略
#4 #5 喜歡一起玩肢體動作遊戲。	在玩伴旁奔跑、一起跳進枕頭堆、交換踢同一顆球、一起跳跳床（或彈簧床）。
#6 #8 和玩伴一起參與相同的活動。	和玩伴一起合唱歌曲，或是一起隨著歌曲搖擺。 用蠟筆畫畫或是用積木蓋房子時共用蠟筆或是積木、請求玩伴傳遞自己想要的物品。
#7 開始玩「假想遊戲」。	說出自己對於遊戲和角色的想法，輪流擔任各個角色。
#9 #10 回應玩伴的評論或是問題。	對於遊戲說出自己的想法或給予評論，例如：學著說「換你了」、「這塊大積木要放這裡」。一個活動中出現5次以上的對話。

　　總之，這個階段的寶寶需要學習有禮貌的邀請朋友一起玩、了解遊戲的規則、偶爾用口語溝通、了解對方的想法等等。這些交友技巧會影響未來社交溝通的能力，父母需花時間與使用合適方法建立寶寶早期的交友能力。以上內容可參考 Sussman 的著作[10]。

20.2～3 歲寶寶的社交溝通發展指標

以下是 2～3 歲（互動初期）寶寶的社交溝通發展指標，你觀察到了嗎？

21. 寶寶的社交溝通能力取決於與人一來一往有趣的互動次數

在寶寶的社交溝通發展過程中，**父母扮演了非常重要的角色**。美國哈佛大學、麻省理工學院和賓夕凡尼亞大學的近期研究提供了父母可以著力之方向，研究人員分析了 36 名 4～6 歲兒童的「每日語言情境」，其數據資料包含成人詞彙數量、兒童說話數量、成人與兒童對話數量。結果發現，**與父母有較多對話量的兒童，其腦部語言處理區域（布洛卡區）較對話量少的兒童活躍**，此說明與兒童對話互動可能是促進其大腦語言區活化的關鍵。該研究也提醒，與寶寶溝通時的重點不是單向的輸入說話，而是雙向一來一往的對話 [11]。

父母可以想想自己是怎麼發展社交溝通的呢？我們帶著天生的氣質與個性，在不同的時間點與不同的人激盪出溝通互動的火花，但不管是生性害羞或是活潑好動，都需要與父母、手足、同學和老師長期互動，長大後再與朋友、同事有著更多的互動。在這個一來一往的溝通過程中，我們從中觀察、摸索、修正，並發展屬於自己的社交溝通技巧。

美國著名的發展心理學家 Hirsh-Pasek 教授等人，分析了 60 位母親與他們 2 歲寶寶一起玩的互動影片，並於一年後測量寶寶的語言能力。結果發現，語言能力較好的寶寶與其母親的互動方式都有以下幾項特質 [12]：

- **優質的互動**：跟著寶寶興趣走；融入寶寶感興趣的事物；與寶寶一起參與活動。
- **慣例的活動**：有些家庭會在洗澡時與寶寶固定唱洗澡歌；玩搔癢遊戲時加入溝通與語言，寶寶若能習慣每日活動中的溝通語言、遊戲兒歌等，他們會預測下一個動作及兒歌旋律與歌詞，寶寶會更容易學習。有些父母每日也會挪出時間專心與寶寶說故事等。

・**有趣的氛圍**：用較誇張的聲音、動作、表情吸引寶寶，讓寶寶喜歡和父母一起玩，從玩樂中學習。

因此，建議**父母從寶寶出生起，便可以開始與其一起互動**。寶寶會用各種方式表示他的感受與想法，也許只是眨眨眼、踢踢腳等。在與寶寶互動時，不需要用昂貴的教材、書本或玩具，也不需要額外騰出很多時間，只要在日常活動中融入與寶寶溝通互動的機會就可以了，例如：抱寶寶時，可以跟寶寶玩擠眉弄眼的遊戲；洗澡時，可以問寶寶舒不舒服；吃飯時，可以幫寶寶說出食物的感覺；寶寶想睡覺在哭時，可以幫寶寶說出身體累累的想法；玩遊戲時，可以等候寶寶先發出聲音，讓他想要再玩等。透過這些日常活動，父母就可以與寶寶產生很多強而有力的溝通連結，提供寶寶很好的社交溝通發展經驗，拓展寶寶的社交溝通能力。

22.很愛說話或很會說話的寶寶，如何培養成為領袖級人物？

本書系列一《開啟 0～3 歲寶寶的溝通語言天賦：語言治療師說給你聽》清楚提供父母「語言能力發展里程碑」，當發現寶寶的能力超前時，的確可喜，但若想要未來成為領袖級人物，傑出的口才能力便要自幼培養，主要包括下列三項能力。

學習向他人表達自己想法（溝通意圖）的能力

- 打招呼：寶寶揮手說「bye bye」，表示「他想走了」。
- 表達需求：寶寶大哭，表示「肚子餓了」。
- 幫忙：寶寶拿瓶子給父母，表示「打不開」。
- 抗議：寶寶用手推開玩具，表示「不想玩了」。
- 說出想法：寶寶用手比出翅膀的手勢，表示「小鳥飛啊飛」。
- 分享：寶寶用手指著燈，大叫一聲，表示想吸引父母注意，想與父母一起看。

學習看他人、看場合說話的能力

- 用不同的語調、語詞向比他小的寶寶說話。
- 在遊樂場會使用不同的語氣、詞彙來借用他人的物品或是參與遊戲。
- 解讀他人情緒：知道媽媽生氣罵人了，就不亂丟玩具。

學習使用語言與非語言互動的能力

- 會一來一往的與他人對話或遊戲。
- 讓對方先知道自己想說的主題，可能是去動物園、參加生日派對等。

- 感覺他人聽不懂自己說的話時，會調整自己說話的方式，然後再說一次。
- 會用豐富的非語言溝通方式，例如：眼神、表情、手勢、聳肩、指認、拍手、語調、語氣。
- 知道與他人說話的距離，不宜太近或太遠。
- 說話時會有表情，且會注視對方。

23. 我的寶寶相較於其他的同齡寶寶，安靜許多
　　且少有互動，我需要留意嗎？

　　本書系列一《開啟 0～3 歲寶寶的溝通語言天賦：語言治療師說給你聽》清楚提供父母「語言能力發展里程碑」，當懷疑寶寶能力時，的確需要注意是否符合階段性發展。許多研究寶寶溝通能力的團隊，以寶寶的生活影片或問卷來分析其日常生活所展現之溝通能力與溝通意圖時發現，寶寶其實從出生後就會使用各種方式，例如：踢腳、哭聲、扭動身體、看著父母等來表達自己，而在互動中慢慢學習與他人溝通互動是如何進行的。

　　社交溝通疑似困難的寶寶可能在出生的幾個月內，就會出現少和他人有互動或較少向他人表達自己想法的情形，或是不適切於其年齡的溝通方式，這可能會影響寶寶未來與他人交談或交朋友的能力。父母若可以在寶寶出生後的幾個月內，了解寶寶獨特的氣質與溝通語言的獨特性，給予適當的引導，就可以增進寶寶的社會性互動能力。以下一些方法提供父母參考，也建議尋找合適的早療評估並參考語言治療師的建議。

ST說給你聽

在日常生活中，可以為寶寶製造大量社交溝通機會的點子：

· 玩互動遊戲：與寶寶玩肢體互動遊戲，例如：躲貓貓、搔癢。

· 一次給一點：把點心分次給寶寶，例如：將餅乾分成四份，讓寶寶主動與你溝通要求的次數變多。

· 故意裝傻瓜：故意拿大人的鞋子給寶寶穿，讓寶寶覺得有趣，對你表示意見。

· 玩扮家家酒：用誇張的聲音，例如：野狼的聲音「啊嗚」、假裝吃東西「啊嗯、啊嗯」等方式，吸引寶寶對話。

· 看得到拿不到：可以把東西放在高處，讓寶寶請你幫忙。

· 加入非語言溝通：讓寶寶學習觀察父母非語言溝通的線索，例如：手勢、動作、誇張的表情或語氣、情緒、圖片。

24. 我的 2 歲寶寶與 4 歲表哥玩遊戲時有些狀況，我該怎麼辦？

　　2 歲半的小乖與 4 歲的表哥在客廳玩賽車軌道組。表哥說：「我們來比賽，看誰的車子最厲害。」表哥說完話後，小乖卻繼續趴在地上將車子一輛輛排成直線。於是，表哥再拍拍小乖的背說：「弟弟，我們來比賽，看誰的車子跑最快！」小乖一邊繼續用手摸著車子，一邊看了一下軌道，複誦了表哥的話：「跑最快。」媽媽在旁邊看到小乖沒有反應，就牽著他的手拿起車子放在軌道上。當車子滑下來的瞬間，小乖高興的拿起他的車子，然後高興的一直跳且揮舞著手。表哥說：「哇，弟弟你的車子好快喔，換我了。」當表哥的車子從軌道上滑下來時，小乖也開心的衝過去拿走表哥的車子，然後再次高興的一直跳且揮舞著手。表哥等待了一陣子後，有點生氣的說：「弟弟，這是我的車子啦，還給我。」小乖媽媽在旁邊說：「小乖，不可以喔，那是哥哥的。」然後帶著小乖把車子還給表哥。

　　從上述例子可發現，小乖在前述社交溝通的四個向度出現了幾個警訊。

社會互動

- 互動社交能力。與他人互動的能力不佳，需要媽媽的引導才能跟表哥互動玩遊戲。
- 參與活動與他人遊戲。玩遊戲時缺乏對遊戲規則的遵從，導致活動無法順利進行。

社會認知

- 共享注意力不足，小乖大多數時間把注意力放在自己和車子上，很少有三點互動（自己、車子、表哥），也就很少與表哥一起分享樂趣。

語用技巧

- 非口語溝通（手勢、臉部表情、眼神接觸）：小乖有很豐富的肢體動作，但很少與他人有眼神接觸與交流。
- 主動溝通（提出要求、表達意見）：小乖能使用單詞進行口語表達，大多是仿說式，很少主動說出。

語言能力

- 口語理解：無法理解表哥的想法與自己不同，當表哥再次說明規則時，小乖還是會一直做自己想做的事情。
- 口語表達：遇到開心的事，小乖僅能用跳和揮手的方式表達，而無法用口語向他人表達喜歡遊戲的溝通意圖，他人可能會無法理解他的想法。

　　父母若擔心 2 歲半小乖的社交溝通發展疑似遲緩，可以到醫療院所尋求語言治療師的協助。語言治療師會評估寶寶的語言能力與社交溝通發展階段，並提供父母如何引導寶寶發展溝通與語言的能力。以上看似平凡的社交溝通技巧，卻深入影響我們的人際、學習、生活與工作，是人生必要的素養，也是終身都在學習的課題。讓我們一起與寶寶共同修課，來解鎖社交溝通的密碼吧！

0～3 歲寶寶的社交溝通發展指標

0～6 個月：探索期	
社交溝通發展指標	可以觀察到的行為
1. 喜歡看人的臉與誇張表情	寶寶會追視人臉，有時會伸舌頭、張嘴。
2. 會用聲音、動作、表情來表達	疲倦、飢餓、疼痛時，有不同的哭聲或方式。
3. 對他人有社會性微笑	例如：用高音調與誇張表情逗弄寶寶時，寶寶會用笑聲、聲音或身體動作回應。
4. 能區辨熟悉與不熟悉的人	不太熟的人要抱寶寶時，寶寶可能會哭。
5. 會模仿父母的聲音、動作、表情	對肢體互動遊戲感到興趣，例如：爸爸若說：「咕唧咕唧」，寶寶就笑了，因為知道要玩搔癢遊戲。

7～12 個月：肢體手勢動作期	
社交溝通發展指標	可以觀察到的行為
1. 會模仿成人的聲音、動作、表情，一來一往互動	喜歡特定的互動活動與遊戲，也會模仿成人表情、有趣的聲音、動作，例如：搗臉躲貓貓，重複某個動作想逗大家笑。
2. 能用手勢動作（如指、拉、碰、推等）與他人溝通	例如：會把東西放在手上給他人看，將東西推開表示不喜歡，以手指頭指向想要的東西。
3. 會吸引他人注意去看他所看到的	例如：用手指著鳥，想跟父母分享。玩具掉地上，會看著大人，表示需要幫忙。
4. 能理解他人高興、生氣的情緒和表情	例如：爸爸說：「不可以拿！」寶寶會搖搖頭，發出聲音表示不開心。
5. 能用手勢動作表達謝謝、bye bye，點點頭表示同意	例如：會模仿聲音「ㄋㄟ ㄋㄟ」想喝奶。

1～2歲：口語初期	
社交溝通發展指標	可以觀察到的行為
1. 能主動用口語加上聲音、手勢、動作表達需求	例如：會說「不要，菜菜」，並用手把菜推開。
2. 會展現同情和分享情感	例如：另外一個寶寶哭了，寶寶會看著他說：「哭哭」，或用手勢動作表示哭哭。
3. 能用短語向他人評論自己的想法	例如：看到桌上的湯，寶寶會說：「燙燙，吹一吹。」
4. 能聆聽他人說話後再接話，開始會簡單聊天	例如：爸爸說：「我們要去散步喔！」寶寶聽完說：「公園，散步。」
5. 知道對話規則，會接1～2句話回應	例如：爸爸說：「有沒有乖乖吃飯？」寶寶大聲說：「有。」然後，寶寶豎起大拇指指著弟弟說：「弟弟也好乖。」
6. 會用眼神、肢體、手勢動作與聲音輔助口語，表達自己的感覺或想法。	例如：被聲音嚇到了，會跑來說：「怕怕。」

2～3歲：互動初期	
社交溝通發展指標	可以觀察到的行為
1. 與他人一來一往對話能維持至少2～3次	例如：寶寶問：「爸爸要去上班？」爸爸回答：「對！」寶寶又問：「爸爸要坐捷運去？」爸爸說：「對，要搭捷運。」
2. 開始會假裝說謊或開簡單的玩笑	例如：寶寶在玩遊戲時，不想理會父母，會假裝沒聽到父母在叫他；或者寶寶亂塗鴉，媽媽問：「是你畫的嗎？」寶寶說：「爺爺畫的。」
3. 耐心聆聽，不會打斷大人正在說的事情	例如：大人對寶寶說話時，寶寶不會插嘴。
4. 能說出 1～2 個句子，並掌握說話主題	例如：寶寶說：「不要去家樂福，要去公園。」
5. 能理解他人的感受，並表達自己的感受	例如：寶寶說：「媽媽怕狗狗，我不怕。」
6. 能理解與遵守簡單的遊戲規則	例如：輪流當鬼去抓人；喊「123 木頭人」時會停住不動。
7. 能看人、看場合調整自己說話的語氣或內容	例如：當寶寶想吃糖果時，會禮貌的詢問媽媽：「這個是誰的？」其實，他想表達的是：「我可以吃嗎？」

參、與快樂接軌：
寶寶的溝通語言遊戲

前言

接續前面談到的讀寫萌發、社交溝通，以下介紹 0～3 歲寶寶的遊戲能力發展，說明如何將前述的發展階段融入每日互動的親子遊戲中，讓寶寶天天都能享受溝通、享受語言，在充滿歡樂的笑聲中長大。

父母最常問的問題有：

- 寶寶從出生後到 3 歲之間會玩哪些溝通語言遊戲？
- 寶寶需具備哪些能力才可以玩遊戲？
- 玩遊戲可以幫助寶寶發展哪些能力？
- 需要哪些道具、玩具或教具來刺激寶寶的溝通語言能力發展？

父母可以逐一找到答案，並學會如何與寶寶一起遊戲，在歡樂中成長。

1.什麼是遊戲？遊戲對寶寶有什麼好處？

遊戲指的是讓人覺得**有趣**，會獲得**快樂**的活動。有些遊戲需要規則（如鬼抓人、大風吹）；有些遊戲需要道具作為媒介（如下棋、玩撲克牌），道具就是指寶寶的玩具，也被稱為教具——教導寶寶遊戲學習時使用的道具；有些遊戲的規則簡單且不需要任何玩具（如炒蘿蔔、躲貓貓）；有些遊戲可以自己一個人玩（如手機遊戲、數獨）；有些遊戲需要 2 個人以上，要有互動才能玩（如捉迷藏、蘿蔔蹲、騎馬打仗）。簡而言之，在遊戲中的人通常都是帶著**笑容**、心情愉悅的，也不一定需要複雜的規則，或是需要很多人才能玩，但因為好玩，所以可以不斷被**重複**，因而某些能力就能一直被複習精熟。

遊戲的能力可視為寶寶**早期認知、社會技巧、溝通能力、語言發展的統整表現**[1,2,3]。在遊戲中，寶寶可以展現其與世界如何連結、如何互動，也可以自然展現出肢體、認知和情緒的發展，更可以看到寶寶如何發揮想像力。你有看過寶寶拿著長方形積木，學爸爸邊走、邊比手勢動作、邊講電話的樣子嗎？那可愛的模樣，總能惹人莞爾一笑！

寶寶玩得愈好，愈會玩遊戲，就愈能推估寶寶的認知功能、社會技巧、溝通能力、語言發展會愈好。**愈會玩的寶寶愈聰明！**同意嗎？

ST 說給你聽

・遊戲就是會讓人獲得快樂的活動。
・遊戲是認知、社會技巧、溝通能力、語言發展的統整表現。

 ## 2.寶寶多大才會開始玩遊戲？

　　遊戲對寶寶的發展這麼重要，那多大的寶寶才能開始玩遊戲呢？

　　剛出生寶寶的感官功能均在快速發展中，其活動力有限，雖然還沒有良好的視覺，但與生俱來就有抓握反射（將物品放在寶寶手心，寶寶會握緊拳頭），且聽覺及嗅覺也相對敏銳，這時候可以讓**寶寶握著父母的手指，配著輕柔的說話聲、歌聲與撫摸**，這樣的互動就是寶寶最愛的親子遊戲時光。

　　隨著寶寶的視力漸漸發展，抓握能力也變得更好，**寶寶會主動抓父母的臉、頭髮、眼鏡等，抓到任何東西就放進嘴裡**，這就是寶寶最初的遊戲，也是最初的社會性互動發展[2、3]。

ST說給你聽

　　與寶寶最初的遊戲：
- 與寶寶面對面。
- 對寶寶說話或唱歌。
- 與寶寶肌膚之親。

與初生寶寶面對面互動

3. 寶寶 3 歲前的遊戲類型可分為三類，你的寶寶喜歡哪一類？

0～3 歲寶寶會出現的遊戲類型大致分為三種：

- **功能性遊戲**：寶寶在遊戲中會以各種不同的重複性動作，依自己的意圖操弄玩具或物品。可學習到因果概念（如簡單的推小車子，車子會動；把水打翻，抹布會濕的概念），也可以在功能性遊戲中增進肢體技能（如跑、跳、爬等）。

- **建構性遊戲**：寶寶能將心中的想法與計畫展現在此種遊戲中，在計畫與建構中培養問題解決能力、創造力，學習基本認知概念，例如：尺寸、長度、形狀、花色、重量等。積木、拼圖及樂高，都是屬於此類的遊戲。

- **假想遊戲**：亦稱為象徵性遊戲，也就是扮家家酒遊戲。此類遊戲開始於寶寶能假裝，發現某項物品可以代替另一項物品之時，例如：拿著積木當電話，還能加入角色扮演，例如：假裝醫生看病。

寶寶每天除了吃、喝、睡、哭之外的時間，就是在遊戲。**6 個月前的寶寶**用咬的或放到臉上搓揉的方式探索玩具，藉著操弄物品而得到樂趣，從事較多的**功能性遊戲**。6 個月～1 歲前的寶寶隨著肢體動作發展，會漸漸藉由更多不同的方式，例如：注視、壓捏、轉動物品等動作來探索物品，但還不知道遊戲的方法與規則，也不知道玩具的功能與玩法，而會用自己獨特的方式玩玩具，例如：拿起小汽車轉動輪子。寶寶在功能性遊戲中能學習到**因果關係**，發展認知及肢體功能。

隨著認知功能與肢體功能的成熟，寶寶會開始玩**建構性遊戲**，從中培養問題解決能力。至於**假想遊戲**，則要到 1 歲前後才會開始出現，在遊戲中學習和他人如何分享遊戲、建立劇本情境、和同儕互動等，詳細說明可參考第 138 頁。

功能性遊戲

建構性遊戲

假想遊戲

遊戲的類型：

1.6 個月前的寶寶用咬的方式探索玩具，
　　藉著操弄物品得到樂趣，屬於功能性遊戲。

2.隨著認知功能與肢體功能的成熟，
　　寶寶會開始玩建構性遊戲。

3.假想遊戲與溝通語言發展密切相關。

4.父母該教導寶寶遊戲？還是陪伴寶寶遊戲？

　　美國兒童語言每日學習中心（Center on Everyday Child Language Learning，簡稱 CECLL）的宗旨，就是要運用兒童感興趣的日常活動來建立溝通及語言技巧。該中心認為，應該根據寶寶的興趣來安排日常活動，寶寶在他們感興趣的活動中，其溝通及語言的表現優於不感興趣的活動。在寶寶喜愛的活動中，寶寶也能互動得較久且主動性較高，父母也有較長的時間能夠增進寶寶的溝通能力，這樣一來寶寶的溝通能力就會愈來愈厲害[3]。當寶寶處於喜愛的情境與活動中，自然而然樂於遊戲、樂於表現，父母何須費心教導？父母要努力的是用心找時間、給時間，專心陪伴，同時也要用對方法。

　　與寶寶一起玩的互動策略如下[2,3]：

- **停、看、聽**：「停」下來，等待寶寶主動用手勢動作或口語開啟溝通表達需求或表示意見。「看」寶寶當下所需要的是什麼？想表達的是什麼？父母可適時的給予回應或描述寶寶正在表達的動作或情境。「聽」寶寶將想表達的內容說完，給予寶寶機會表達，而不要急著幫助他們。

- **讓互動持續下去**：讓活動變得有趣、吸引寶寶的注意力，讓寶寶想要持續和父母在活動中互動，而不會跑掉。父母在面對年齡較小的寶寶時，可以透過不同的聲音，變換音色、音調與寶寶互動，例如：以纖細的聲音扮演小貓咪，以渾厚的嗓音扮演大黑熊。對年齡較大的寶寶，則可以增加他們對家中環境或常見物品的探索以及日常

生活中活動的模仿，例如：和媽媽一起掃地、幫爸爸梳頭髮等。有時甚至可以出其不意的給寶寶意料之外的東西，例如：原本寶寶預期會拿到小鏟子來挖沙，但爸爸卻給他一隻鞋子，這時寶寶就有機會表達意見：「我要鏟子，不是這個。」

- **幫助寶寶敘述他們所作所為，增加語言發展：**當寶寶開始用手勢動作指著物品或以簡單的詞彙短語表達時，父母可以透過「幫他說」的方式來詮釋寶寶想要表達的內容，或加入 1～2 個詞語來協助寶寶擴展語句長度。

你是哪一種父母呢？停下來，等待寶寶主動開啟溝通，
是親子互動最重要的第一步喔！

5. 面對五花八門的玩具，父母該怎麼幫寶寶挑選？

五花八門的玩具看得父母眼花撩亂，該如何為寶寶選玩具呢？依據玩具的功能及性質，大致可分為下列七類，而前六類是寶寶在 3 歲之前都會大量接觸到的類型：

- 因果關係類：大部分的聲光玩具及有聲書都屬於此類，只要碰觸一個鍵或開關，就會發出音樂或燈光。寶寶對這類玩具的喜愛度會維持很久，電燈開關、電視遙控器及手機等，對寶寶來說都是屬於同類的「玩具」！
- 視覺空間類：如拼圖、套圈圈、形狀嵌版、彈珠軌道等。
- 建構玩具類：也就是俗稱的積木，有許多不同的形狀及材質，可以讓寶寶建構出想像的物品。
- 感官創作類：如沙、水、米、棉花、豆子、黏土等。
- 假想遊戲類：如玩具車、電話、聽診器、收銀機、娃娃等扮家家酒所需的物品。
- 大型遊具類：如鞦韆、滑梯、蹺蹺板、搖搖馬、滑板車、腳踏車等。
- 有遊戲規則類：需要一些簡單的遊戲規則才能進行的玩具，俗稱「桌遊」，如撲克牌、麻將、大富翁等。

玩具的選擇會影響互動的方式

《美國小兒醫學期刊》（*JAMA Pediatrics*）研究報導，玩具種類的選擇會影響父母與寶寶之互動方式與頻率。研究者將 10～16 個月大的寶寶和其父母分為三組，分別玩不同種類的玩具：一組玩的是視覺空間類玩具，即拼圖、嵌版積木；一組閱讀書籍；一組則玩因果關係類玩具。研究發現，**視覺**

空間類玩具組及閱讀組寶寶與父母的互動最多，而因果關係類玩具組寶寶說的話最少，父母與寶寶對話輪替的次數也最少，對寶寶只有些許回應。**閱讀組寶寶出現最多像大人說話的聲音，而父母也對寶寶說最多的話，說給寶寶聽的詞彙最多元**。研究者推論，因果關係類玩具可能是因為本身就會發出聲音，因此父母說話的機會就變少了 [4]。

2018 年，英國 BBC 頻道發布了一部紀錄片 *Babies: Their Wonderful World* [5]，探討 0〜2 歲寶寶的發展，其中一項以 6 位寶寶為對象的實驗，其中有 3 位喜歡玩平板電腦，另外 3 位則不玩。這項實驗旨在評估寶寶使用平板電腦是否會影響其在精細動作和大肢體動作方面的表現，之所以這樣設計，是因為很多人擔心使用平板電腦寶寶的大肢體動作能力不足。然而，研究結果令人驚訝的是，兩組寶寶在大肢體動作方面的發展並無顯著差異；而在精細動作方面，不玩平板電腦的寶寶平均只能往上堆疊 5 塊積木，喜歡玩平板電腦的寶寶最少能堆疊 6 塊積木，有位寶寶最多還堆疊到 9 塊積木，在精細動作方面顯著靈巧。但這項研究的樣本數太少，未來仍有待更多的研究來證實。

隨著寶寶的興趣選擇玩具

由上述兩項實驗結果可以得知，每種玩具都有其獨特性，功能亦不相同，多讓寶寶接觸各類玩具不偏廢，對寶寶的發展絕對是好的，即便是玩平板電腦也會強化精細動作能力呢！然而，父母也不必過度依賴玩具，只要寶寶有興趣想玩的東西，舉凡湯匙、杯子、罐子、吸管、紙袋、垃圾桶、果皮、小花、小樹等，都可以成為父母與寶寶遊戲時的好道具。

因果關係類

視覺關係類

建構玩具類

感官創作類

假想遊戲類

大型遊具類

有遊戲規則類

玩具分為七大類。每種玩具的功能及性質都不相同，父母不必過度依賴玩具，只要寶寶有興趣想玩的東西，都可以成為父母與寶寶遊戲時的好道具。

ST說給你聽

- 不同種類的玩具有其獨特性，寶寶可以多元接觸。
- 只要是寶寶想玩的東西，都可以成為玩具，但手機、平板電腦除外，建議還是不宜頻繁接觸。
- 親子互動的品質是玩具選擇時重要之考量點。

6.沒有玩具時，父母能怎麼跟寶寶玩遊戲呢？

　　研究溝通發展遲緩寶寶的學者發現，當父母隨著寶寶的喜好進行社會互動時，寶寶給予的回應較玩玩具的時候還要多[6]。因此，給寶寶最好的玩具就在家裡，而且免費，也就是父母本身！父母就是寶寶的大玩偶！不需要玩具與任何道具的遊戲有：搔癢、躲貓貓、騎馬打仗、簡單的手指謠（如炒蘿蔔、捉迷藏）等，相信這些都是很多成人與父母的兒時回憶。在這些遊戲中，總是充滿笑聲，是親暱又簡單的親子間互動遊戲。最重要的是，這些遊戲可以不斷的重複玩也不厭倦，寶寶自然而然會在遊戲當中，不斷的學習語言及互動行為。

　　父母引導互動遊戲時可以掌握以下幾項訣竅，加入語言及溝通的目標，引導寶寶發展溝通行為[2]：

- **每次都有相同的起手式**：每次遊戲開始前都有一種相同的動作或聲音，或是替遊戲命名，這樣可以讓寶寶知道接下來怎麼回應父母，也可以讓寶寶學會怎麼開啟遊戲，例如：先唸一段《小皮球》的童謠。
- **跟著寶寶的興趣和遊戲方式玩**：當寶寶利用聲音、動作或是任何遊戲中會出現的行為來表達時，可以馬上配合遊戲，來強化寶寶的行為；或是在遊戲的中間停頓幾秒，看看寶寶的反應如何。這也就是前面所提到的**停、看、聽**技巧喔！
- **每次都要有相同的結束儀式**：也就是要讓寶寶知道遊戲結束了，能提供寶寶一個方法，讓他知道可以用這個方式來結束遊戲，例如：擁抱加親吻、互相說謝謝等。

父母引導互動遊戲口訣：起、承、轉、合，說明如下。

起：每次都要有相同的起手式。

承：順著寶寶的興趣玩，接住寶寶開啟的互動。

轉：寶寶的興趣多變、注意力較短，遊戲內容也需要隨
　　著寶寶轉變。

合：要有相同的結束儀式。

父母就是寶寶的大玩偶！當父母隨著寶寶的喜好進行互動時，
寶寶的回應反而比玩玩具的時候多。

7.寶寶語言遊戲能力的發展大致可分為哪些階段？

以下依據寶寶的年齡分為五個遊戲階段，父母可以依據寶寶的生理年齡，檢核寶寶目前的遊戲行為，以了解目前的遊戲發展在哪個階段。此外，在每個時期也提供一些遊戲祕訣，父母可以參考並修改成適用於自己家裡的版本與寶寶一起玩。

- **探索期**（0～6 個月）：寶寶從出生後會開始學習追視物品、聽音辨位、抓握玩具放進嘴巴、與父母有眼神接觸，並慢慢對父母發展出情感依附、對外在刺激以笑來回應、與父母能玩簡單的遊戲（如搔癢、躲貓貓）。

- **肢體手勢動作期**（7～12 個月）：操弄玩具的方式變得多元且慢慢精熟，準確度增加。對環境充滿好奇，肢體控制能力加速發展。能主動操控因果關係類玩具，主動展現想玩的意圖。在遊戲中與父母互動的頻率及品質不斷進步，能主動以手指物引起父母的注意，並以手勢及固定方式啟動遊戲。

- **單詞期**（13～18 個月）：能主動表達意圖與需求。使用具體玩具的假想遊戲開始出現，並多是以自己為主角的假想與裝扮。能和他人維持一來一往的互動，但仍以單獨遊戲居多。

- **雙詞期**（19～24 個月）：從假想遊戲進階到與他人相關的事物，能模仿父母從事的活動，且遊戲內容有連貫性。會想要與同儕一起遊戲，但無法維持互動。

- **初期敘事期**（2～3 歲）：喜歡抽象的假想遊戲，甚至不需要玩具就可以進行。對同儕的需求增加，不僅喜歡在同儕身邊一起遊戲，且能有互動的進行遊戲，願意等待輪流。

8.0～6 個月寶寶會玩什麼溝通語言遊戲呢？

　　0～6 個月大的寶寶一開始的視覺只能看到黑白顏色，且僅有幾公分遠，之後隨著生理成熟，慢慢可以看得到比較遠的地方。頭頸部活動較完善後，能追隨音源轉頭，雙手能抓握東西並敲打，趴著的時候頭能抬高，被逗弄時能以笑來回應，會主動翻身，能靠著東西坐起，有些寶寶甚至能獨自穩坐。寶寶在此階段的遊戲屬於**功能性遊戲**，他們從遊戲中發展肢體能力，也學習到因果關係的認知概念[7]。

　　寶寶在此階段屬於探索物品的時期，還不懂得如何操弄玩具，除了寶寶愛玩的搔癢和躲貓貓遊戲外，父母可提供毛巾、布偶、音樂鈴等玩具，讓其以各種感官來咬、丟、敲、揉，盡情體驗；然而，幾乎所有的玩具都會被寶寶放到嘴巴裡，因此也可以開玩笑的說，這個時期的玩具就是提供寶寶「**固齒器**」的概念！

9.0～6 個月寶寶的溝通語言遊戲發展指標

以下是 0～6 個月（探索期）寶寶的溝通語言遊戲發展指標，你觀察到了嗎？詳細說明可參考第 153 頁。

10.為 0～6 個月寶寶準備玩具時的訣竅

父母的心聲

我該怎麼幫寶寶選擇固齒器呢？在網路上搜尋「固齒器」三個字，會發現坊間充滿五花八門的產品，其實功能都是大同小異，就是讓寶寶以咬、抓等方式滿足感官探索的需求。但父母可能會遇到以下的窘境：花了大把鈔票，買了個非常特別的玩具送給寶寶，結果寶寶居然對固定玩具的鍊條或是外包裝比較有興趣！其實，父母不需要特別花費財力與精神挑選玩具，任何寶寶有興趣的東西，只要確定是乾淨安全的，就可以讓寶寶用所有的感官、用想要的方式探索一番。不僅寶寶被滿足了，父母也省錢，皆大歡喜。

父母在互動中扮演重要的角色

給予玩具，寶寶的溝通能力就會進步了嗎？其實，玩具只是媒介，父母才是溝通活動中的主角。在這個時期，遊戲的目的是在誘發寶寶對人、事、物產生注意力，3 個月左右大的寶寶能以笑容來回應，漸漸的也會加入聲音（喃語）、表情及動作來做回應。

笑是此時期很重要的發展指標

若寶寶看到喜愛的物品出現時會笑，父母就可以明確知道寶寶是否能追視；當寶寶聽到父母的逗弄聲會笑時，就能判斷寶寶與父母已有情感連結，這是人際間最基本的互動反應；當寶寶看著鏡子裡的自己笑了，就能判斷他能夠認得自己了。因此，父母在此時期最重要的任務，就是讓寶寶笑；寶寶笑了，全家也都笑了！語言治療師面對生理發展在 6 個月以下的寶寶時，會提供父母什麼樣的遊戲祕訣來幫助寶寶的發展呢？以下見分曉。

11. 父母可以跟 0～6 個月寶寶玩哪些溝通語言遊戲，來引導寶寶互動？

父母在照顧新生兒時，如何誘導刺激寶寶與你互動？透過以下的遊戲祕訣提示，父母可以快速上手，在每天的日常中實作，與寶寶開心的溝通互動。

ST說給你聽

0～6 個月探索期寶寶的遊戲祕訣：

- **追視**：拿玩具、照片、圖片讓寶寶追視，或是讓寶寶追視移動中的大人。視力模糊的寶寶，看到移動的物品或是媽媽的笑臉，其反應會讓父母覺得很有趣喔！
- **尋找音源**：利用玩具發出的聲音，讓寶寶尋找音源。寶寶一開始可能對外界的聲音是沒有反應的，但隨著練習的次數多了，會很喜歡這個遊戲呢！
- **播音員**：指父母邊做事邊**敘述自己正在做的事情**，或是**告知即將做的事情**，例如：幫寶寶洗澡時，爸爸說：「爸爸在幫你放熱水喔～有沒有聽到水的聲音啊？嘩啦啦～有沒有？等一下要幫寶寶洗澎澎喔！洗澎澎好舒服喔……」
- **寶寶替身**：父母想像自己當主播或記者，**替寶寶說**出他正在經歷的事情，描述他的表情、動作及感受，例如：爸爸幫寶寶換尿布時，對著寶寶說：「寶寶的屁屁髒了，不舒服～來！腳腳抬高，我們來換尿布，換上乾淨的尿布，寶寶會覺得很舒服喔～～」
- **扮鬼臉**：玩弄舌頭發出聲音，如「拉拉拉，噠噠噠」，或是擠眉弄眼以誇張的表情、動作**逗弄寶寶**。

- 與寶寶一起聽兒歌、童謠：在跟寶寶互動時，可以改編歌詞，將正在進行的活動編成歌詞，用寶寶熟悉的旋律唱出來，例如：以《小星星》的旋律，唱「寶寶寶寶，喝ㄋㄟㄋㄟ；咕嚕咕嚕，喝光光……」
- 以固定的音調、語言及行為動作，**建立父母與寶寶之間的默契**，例如：以固定的節奏彈弄舌頭發聲逗弄寶寶，引導寶寶尋找音源，在建立默契後，寶寶能以笑容回應，甚至可以停止哭泣。
- **躲貓貓**：以毛巾、手或物品擋住臉，拉開後發出驚訝的聲音。寶寶都很愛這個遊戲，而且可以玩到 2 歲以上都不厭倦。

12. 父母該怎麼幫 7～12 個月寶寶挑選玩具？該怎麼與寶寶互動？

7～12 個月大的寶寶愈來愈會玩聲音，喜歡重複某些聲音，甚至會出現一長串的聲音。寶寶也能專注傾聽父母說的整句話，甚至會給一些回應，好像在跟父母對談。坐、趴、爬、站的姿勢變換愈來愈順暢，甚至想要放手邁步往前走。寶寶的世界愈來愈開闊，父母可以買什麼樣的玩具？該怎麼引導寶寶，才能幫助寶寶早點說出第一個字呢？

肢體發展最快速的時期，三種遊戲一起來

寶寶在此階段從事更多的**功能性遊戲**，且更有能力操弄沙、水及黏土，肢體動作技能也不斷的增進，在父母的協助下會盪鞦韆、溜滑梯。**建構性遊戲**也慢慢的發展出來，能夠往上堆疊一塊積木，會開始玩套圈圈玩具，大小、顏色、形狀等概念漸漸形成。接近 1 歲時，**假想遊戲**（也就是象徵性遊戲）開始出現一些雛形，會模仿父母的動作與行為，也會拿著物品做出與父母相似的行為，但尚未成熟。

精心時刻勝於玩具萬千

挑選玩具的基本概念不變：只要能引起寶寶注意力的物品都可以是玩具。對 7～12 個月大的寶寶來說，除了無法玩需要遊戲規則的桌遊之外，小如細沙、大至旋轉滑梯，寶寶都能從中得到樂趣，都是好玩之物。真正在遊戲當中不可或缺的是父母全部的注意力，全心全意的陪伴，每天至少給寶寶半小時的親子時光。

跟著寶寶的興趣走

　　寶寶在此階段的專注力非常短暫，可能在寶寶拿起一本書拍打要父母唸，父母讀完該書名後，正想好好跟寶寶一起分享內容時，寶寶卻又被其他東西吸引而爬走了。此時不必氣餒，這是常常會發生的事！因此，父母需要隨著寶寶的注意力轉移，隨著寶寶的興趣玩，當寶寶看著某個物品，那個物品就可以成為遊戲活動的媒介。父母要試著以寶寶的高度，從寶寶的視角去觀察環境，體驗寶寶的感受；溝通時一定要與寶寶面對面，才可以直接觀察到寶寶的反應與表情，得知寶寶是否喜歡。等待時機也是很好的策略，先觀察寶寶在做什麼事情，讓寶寶主導，就能發現寶寶的喜好。

　　遊戲時，寶寶的主動性與 6 個月前相較有顯著提升。寶寶會以手指著物品來表示要求、以某些類似語音的聲音表達想要玩，除了表達自己的意圖之外，也能看向父母所指的地方，並以固定的手勢、動作或聲音來回應父母。在父母的主導下，寶寶能與父母產生一來一往的短暫互動。語言治療師面對生理發展在 6 個月～1 歲間的寶寶時，會設計能讓寶寶**維持互動**，誘發寶寶**用手指物、主動表達意圖**的活動。

13.7～12 個月寶寶的溝通語言遊戲發展指標

以下是 7～12 個月（肢體手勢動作期）寶寶的溝通語言遊戲發展指標，你觀察到了嗎？詳細說明可參考第 153 頁。

14.1 歲寶寶應該要會玩哪些溝通語言遊戲？

寶寶在出現口語前，必須儲備許多**非語言溝通**的技能，才能順利發展出口語能力。1歲前後的寶寶能說出人生中的第一個字詞，父母可以藉著下列遊戲，來幫助其奠定溝通語言的基礎：

- 好奇寶寶：以安全為前提，引導寶寶聽不同的聲音、品嚐各種食物的味道、抓握不同材質的物品。
- **面對面**和寶寶互動：父母可以模仿寶寶發出的聲音，或是模仿寶寶的表情，但不需要求寶寶模仿父母。
- 反覆叫寶寶的名字，讓他對自己的名字有反應。
- 和寶寶玩**親出聲音**的遊戲，例如：親手、親娃娃、kiss goodbye。
- 將寶寶喜愛的玩具一部分遮在毯子下面，問「玩具在哪裡？」引導寶寶尋找玩具。之後，再逐漸將玩具全部藏起來，讓寶寶自己找出來。也可以把玩具抓在自己手上，看寶寶會不會試著打開父母的手指找玩具。第一次玩這個遊戲時，可使用聲光玩具，以利寶寶快速找到。
- 利用樂器、日常用品、動物為媒介，**引導寶寶模擬聲音或做動作**，例如：沙鈴沙沙沙、燒開水嗶嗶嗶、狗狗汪汪汪、杯子喝喝喝。
- 聽童謠、手指謠、兒歌時，介紹簡單的歌名，配合固定的**手勢動作**，引導寶寶將歌名與內容做結合，並引導模仿動作。父母可問寶寶：「要聽《蝴蝶》（歌名）嗎」（以雙手假裝翅膀振動），當寶寶有回應時，立即開始唱兒歌，並帶著寶寶的雙手也做出翅膀振動的動作。
- 將生活中的事情做成**相片書**，讓寶寶翻閱時配合簡單的說明做活動，例如：媽媽抱抱、爸爸親親、和姊姊玩、開心拍手、難過哭哭、kiss goodbye。也可拿出相片書，詢問寶寶是否想要進行該活動，引導寶寶使用相片書進行溝通。

- 在熟悉的兒歌中引導寶寶做出你好、再見、飛吻、擁抱等**社會性動作**，也可配合歌詞學習簡易的手勢動作，例如：炒蘿蔔、戴眼鏡等。
- 將**輪替**的概念融入遊戲中，例如：傳接球、交換東西等。此時期的寶寶尚無法理解並完全遵守輪替的規則，但可藉著遊戲的機會，延長寶寶等待的時間，了解遊戲時自己與他人的關係。

當寶寶利用聲音、表情、手勢動作等來表達時，
父母可以馬上配合遊戲，來強化寶寶的溝通行為。

7～12個月的寶寶會用手指指物要求物品。

15. 寶寶多大才能在與他人溝通時一來一往的輪流？父母該怎麼引導？

什麼是輪替？

在 2 人以上的遊戲中，輪流是一項很重要的能力，也可以稱為**輪替**。

如何引導寶寶輪替？

引導寶寶出現**輪替**行為之訣竅在於**精準掌握時間**：

- 給寶寶足夠的時間，**等待**他出現互動行為或回應。
- 在寶寶展現興趣之時，**立刻回應**寶寶。

如何等待寶寶產生輪替行為？

使用「停、看、聽」技巧中的「停」，並做到下列三項指標：

- 停下來等，不說話。
- 和**寶寶面對面**。
- **有所期望**的看著寶寶。

為什麼在寶寶回應前需要等待？

- 讓寶寶知道父母重視他的回應。
- 讓寶寶有時間消化父母剛剛說了些什麼。
- 讓寶寶有機會醞釀等一下要說些或做些什麼。
- 讓寶寶知道對話是需要一來一往的輪流。

每次停下來的時候，該等待多久呢？

視寶寶的狀況而定。父母得憑藉與寶寶互動的經驗來判斷，因每個寶寶的特質不同，通常可以等待 5～10 秒，年齡愈小或是語言發展遲緩的寶寶，愈需要更多的等待時間，但當寶寶的注意力不在此或對互動失去興趣時，就代表等待的時間太長了！

ST說給你聽

- 引導寶寶出現輪替行為之訣竅在於精準掌握時間。
- 父母得憑藉與寶寶互動的經驗來判斷該等待多久。
- 等待時要和寶寶面對面，並有所期待的看著寶寶。

16. 寶寶多大開始會玩假想遊戲？

　　從假想遊戲（如扮家家酒）可以看出寶寶的溝通語言發展，你家寶寶的遊戲發展是否符合他的年齡呢？

假想遊戲與認知、語言發展的關係非常密切

　　假想遊戲對於寶寶的認知發展非常重要，可促進**抽象思考、問題處理、自我控制和創造力**的增長，反應出寶寶對**象徵符號使用**的能力。假想遊戲與日後的溝通語言發展最為密切相關，因為語言也是象徵性符號，語言發展遲緩的寶寶也會比較慢進入假想遊戲的階段。假想遊戲會大量使用到假裝及想像的能力，在遊戲中可以讓寶寶接觸到新的語詞，且會重複多次使用新的語詞，例如：海盜、寶劍、城堡、救援、集合、魔法等。在假想遊戲當中需要很多**互動與輪替的行為**，寶寶從學習與父母玩，慢慢變成與同儕玩，而學會輪替與合作。假裝成他人或其他角色，可以讓寶寶從他人的觀點想事情，進而發展出同理心[8、9]。

假想遊戲的道具會隨著年齡發展愈來愈失真

　　假想遊戲的初期不需要太多語言，隨著假想能力的進展，會愈來愈依賴語言能力去與他人互動、創造想像情境，或在情境中演繹角色。隨著假想遊戲的想像程度愈來愈大，寶寶需要使用的**道具就愈來愈少，也愈來愈不必擬真**。

在假想遊戲中，語言扮演重要的角色

　　在假想遊戲中，寶寶會不斷的練習表達（包括使用口語或手勢動作），漸漸的也會看看別的寶寶怎麼玩，模仿其他寶寶的玩法，與成人玩伴亦能維持一來一往互動的模式，並**自動開啟話題**，也能**維持話題**。在假想遊戲中使

用語言的三大用處為：**用語言模仿角色人物**，說出角色該說的話；用語言**建立和擴大虛構的情境**，描述虛構情境、解釋自己行為的前因後果、鋪陳劇情；用語言**協調遊戲劇情的發展**，在互動中討論發生的問題、解釋自己的觀點、想出解決問題的創意點子等。

從假想遊戲的層次看寶寶的認知發展

1 歲左右的寶寶已經開始玩假想遊戲，**一次只做一個動作**，例如：會假裝拿電話起來打電話、拿杯子假裝喝水。假裝的物品與真實的物品相似度高，例如：用玩具湯匙或塑膠湯匙喝湯，**假裝的主角從寶寶自己**，慢慢**擴展**到針對父母或是玩具。

寶寶在 1 歲半～2 歲時期的假想遊戲，會愈來愈多元且有變化性，會開始模仿家中大人所做的活動，例如：煮菜、化妝、清掃等，玩的活動也會模仿日常生活情境，且會漸漸發展出**角色扮演**的假想遊戲。

寶寶在 2 歲前的階段，仍是以自己為主的**單獨遊戲及平行遊戲**，雖然會變得喜歡有伴一起玩，但是很少能真的有互動，通常都是各玩各的。因此，玩假想遊戲時仍需要成人陪伴，引導寶寶與其他寶寶一起玩、分享及交換玩具。至於要怎麼引導，請參考第148頁19～24個月寶寶的遊戲祕訣喔！

父母會驚訝的發現，滿 2 歲的寶寶開始會想跟同儕一起玩，分配角色會慢慢變成開始玩遊戲時的重要步驟，寶寶也會將自己的經驗投射在角色中。**角色間的互動關係，也會變得社會化**，例如：扮演消防隊員的寶寶可以指揮受困火場的人如何行動；扮演媽媽的人會指導其他寶寶使用彩色筆時不可以畫到衣服。此時期的寶寶，玩具可以一起輪流使用，也可以交換玩，較少有「全部的東西都是我的」之想法，而願意分享；玩大型遊具時，寶寶也會變得較願意等待輪流，慢慢的就比較能夠遵循團體規範。

2 歲半之後的寶寶會將**遊戲情境擴展至較少發生的情境**，例如：看醫生、去郵局寄包裹、當服務生等遊戲。假想遊戲的想像空間變得更大，可以不用道具就進行遊戲，在遊戲中會假想情境、人物角色，以及發生事件，例

如：寶寶哭了，因為想喝奶。假想遊戲的內容會愈來愈抽象，假想的行為還是比較生活化且有連貫性，例如：寶寶餓了，幫他餵奶拍嗝，然後送上床睡覺。此時期的寶寶也會開始學習用不同的物品來代替另一個物品，且形體材質都不必相近，例如：拿著抱枕命名為麵包、拿著葉子當作碗。

13～18 個月的寶寶會與玩具進行有互動的假想遊戲。

ST說給你聽

- 在假想遊戲中，寶寶會不斷的練習表達（包括使用口語或手勢動作）。
- 在假想遊戲中，必須與他人維持一來一往的互動模式，並學著自動開啟話題，以及維持話題。

17. 寶寶的口語成熟前，「指」東西的動作是每個寶寶的必經歷程，父母如何回應寶寶？

固定的手勢動作具有溝通功能

1 歲後的寶寶開始會説「爸爸」、「媽媽」、「水水」等單詞，並配合著肢體動作。多數寶寶仍會以「指」東西的手勢動作來與父母溝通，且手勢動作會愈來愈固定，愈來愈能用來準確溝通表達自己的需求。此時的語音雖然發音不標準，但父母也能猜到八九不離十，溝通模式漸漸固定成熟。

父母退居引導溝通的位置

父母可以漸漸的將主動開啟遊戲之工作交給寶寶，**等待寶寶開啟遊戲**，觀察寶寶的喜好，退居到引導遊戲的位置。寶寶的溝通遊戲非常多元，不一定要有很多教材教具，**只要能誘發並維持一來一往的互動，就是最佳的溝通遊戲**。模仿寶寶也是誘發溝通的好遊戲，讓寶寶覺得互動是有趣的、持續進行的，並從中加入語言的刺激，只要持續互動下去，便可以持續刺激寶寶的語言發展。

此階段的寶寶除了持續探索遊戲的玩法以外，也能更成熟的利用身體做重複性動作，爬、跑、蹲、站的能力都不斷精進，在家爬高爬低是醒著時的重要活動，父母需要不斷注意寶寶的安全。在精細動作方面，寶寶也更會以手指捏摳物品及操弄玩具。

此外，1 歲後的寶寶也會開始玩簡單的假想遊戲，他們會拿著電話假裝跟父母聊天，或是拿著漢堡模型假裝吃。如果寶寶還沒有出現假想遊戲，父母可以怎麼引導呢？

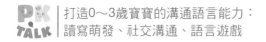
18.13～18 個月寶寶的溝通語言遊戲發展指標

以下是 13～18 個月（單詞期）寶寶的溝通語言遊戲發展指標，你觀察到了嗎？詳細說明可參考第 154 頁。

ST說給你聽

13～18個月單詞期寶寶的遊戲祕訣：

- 輪替的遊戲：父母可以與寶寶輪替進行活動，讓寶寶學會等待與輪流，例如：輪流吹泡泡、吹鳥笛、吹哨子等。

- 給寶寶一些日常生活中會出現的物品當做玩具，例如：梳子、杯子、電話、毛巾、牙刷等。讓寶寶玩假裝梳頭髮、講電話、刷牙，或是跟某人通電話的遊戲。

- 在閱讀中引導寶寶模仿發出不同的聲音，包括：動物的叫聲、物品的聲音。

- 利用手語或固定的手勢動作加上口語來和寶寶說話，引導其模仿並以手語或手勢動作溝通，而不一定要強調語音的出現。此時，出現主動溝通的次數會比語音的出現重要，尤其是「指」這個動作，當寶寶指向某人或某物時，要抓住機會告訴他指的人或物是什麼。

- 每日安排遊戲時間：可進行拿筆塗鴉、堆疊積木、閱讀等活動。固定的時間可以讓寶寶熟悉每日的例行事件，也能讓寶寶以拿取照片或以簡單手勢來表達想要進行的活動。

🎁 19.如何引導寶寶玩假想遊戲？

當寶寶還沒有發展出假想遊戲時，父母可以做三件事：

- **示範**：父母可拿起玩具杯假裝喝水，然後告訴寶寶：「我在假裝，我沒有真的喝水，這是假的。」然後給他看空的玩具杯，然後再假裝喝一次。
- **模仿**：引導寶寶模仿父母做出假想的動作，可將玩具杯給寶寶，問他：「寶寶要喝水嗎？」引導寶寶做出假裝喝水的動作。
- **詮釋**：將寶寶的動作詮釋成有意義的假裝行為，例如：當寶寶拿起玩具杯，父母可以說：「喔～寶寶渴了要喝水囉！」然後當寶寶將玩具杯拿起放到嘴邊時，父母可以說：「哇～你在假裝喝水耶！好喝嗎？」

13～18個月的寶寶會依照玩具應該被玩的方式玩玩具。

20. 寶寶會想要和同伴一起玩，但在同個空間卻無法玩在一起，怎麼辦？

很會自己玩玩具的平行遊戲期

即將 2 歲的寶寶在操作物品的精細動作能力會突飛猛進，拼圖、套圈圈、積木、沙、黏土等都能獨立操作。大型遊具包含鞦韆、滑梯、蹺蹺板、搖搖馬等，因大肢體動作能力日益進展，寶寶也愈來愈能自己獨自玩，甚至會提出想要和同伴一起玩的想法。但是，父母會發現，此時期的寶寶說想和同伴一起玩，但總是無法玩在一起；在同一個空間裡，各自玩著自己的玩具，就像平行的兩條線，因此稱為**平行遊戲**。

選擇場地，增加與同伴相處的機會

這時，父母不必著急，2 歲前寶寶的互動能力尚未成熟，想要有同伴的陪伴，但是沒有辦法自己開啟跟同伴的互動，也無法維持互動，需要父母的協助與引導。隨著經驗的累積，寶寶才能漸漸從平行遊戲，進步到有互動性的遊戲模式。與玩伴相處的機會愈多次，與他人一起遊戲的時候會愈自在，父母可以安排的場地，像是遊戲場、公園、玩具店、親子餐廳等，讓寶寶與同伴有機會相處。

如何引導寶寶和更多同伴一起玩？

如前所述，父母可以利用環境的選擇，讓寶寶在自然的情境中接觸較多的同伴，並加入寶寶的遊戲，幫助寶寶與更多的其他寶寶一起玩遊戲：

- 示範如何友善的用微笑和打招呼與其他寶寶開啟互動。
- 寶寶遊戲時要**在場內一起玩**。
- 孩子與同伴遇到問題時，要能及時**提供協助**。

2 歲寶寶的平行遊戲：寶寶們就像兩條平行線，各玩各的，沒有交集。

21. 19～24 個月寶寶的溝通語言遊戲發展指標

　　以下是 19～24 個月（雙詞期）寶寶的溝通語言遊戲發展指標，你觀察到了嗎？詳細說明可參考第 154 頁。

ST說給你聽

19～24個月雙詞期寶寶的遊戲祕訣：

- 家事小幫手：此時期的寶寶很喜歡模仿大人做事，可以帶著寶寶做一些簡單的家事，並教導分類及配對的概念，也可以讓寶寶練習聽指令，一舉數得。

- 玩假想遊戲，例如：和寶寶玩假裝吃的遊戲，假裝沒有吃到東西，卻發出吃得津津有味的聲音（無中生有）；玩假裝洗頭髮的遊戲，假裝頭髮濕了，拿毛巾擦乾（賦予屬性）。在假想遊戲中，父母要引導寶寶一起玩，除了**幫寶寶敘述他正在做的事情**之外，也要讓自己**盡情的投入遊戲中**，寶寶會因為你的動作很有趣，被誘發出更多創意！

- 幫寶寶刷牙時，父母和寶寶要**輪流**刷牙，告訴寶寶：「爸爸先幫你刷，然後再換你自己刷。」在寶寶自己刷牙時，幫他數到10或唱潔牙歌，告訴他：「好了，換爸爸幫你刷。」然後幫他刷牙時，也數到10或唱潔牙歌。

- 引導寶寶觀察生活中的事物，找出相同的物品。爸爸可以跟寶寶說：「這是爸爸的杯子，你的杯子在哪裡？媽媽的呢？」

- 此階段的寶寶對於所有的東西都會覺得是「我的」，因此可以跟寶寶玩「這是誰的」遊戲，讓寶寶練習說出「你的」、「他的」、「爸爸的」、「叔叔的」等。

ST說給你聽

- 平行遊戲是指，寶寶在遊戲時能在同伴身邊玩，與旁邊的同伴玩相同的遊戲，但並沒有交談或互動，也無法分享玩具及遊戲內容。寶寶們就像兩條平行線，各玩各的，沒有交集。

22. 多大的寶寶在遊戲中願意排隊等待？

2～3 歲寶寶的小宇宙

　　2～3 歲間的寶寶能聽懂兩個步驟之指令，在認知概念上愈來愈成熟，對世界充滿好奇，愛問為什麼。他們也可以用簡單句敘述，小腦袋裡有超過 300 個生活詞彙可以任意組合，文法會愈來愈成熟，雖然你、我、他總是搞不清楚，過去與未來只能用昨天與明天來表達，但能夠用字句精簡的句子、不成熟的文法，來表達自己的日常所需、描述發生的事情、敘述自己的感覺、說出想像的情節，甚至能說出一個充滿「然後」這個連接詞的小故事了呢！

能在同個話題上維持輪替對談

　　寶寶語言能力急遽成長的同時，對同伴的需求也愈來愈強烈，除了在同個遊戲空間之外，也能與同伴玩相同的遊戲。喜歡有互動性的遊戲，在喜歡的話題中，能維持一來一往的互動，知道對談中的停頓就是輪到自己說話的時機。在寶寶自己啟動的話題中，維持幾個輪替是非常容易的事。

23.2～3 歲寶寶的溝通語言遊戲發展指標

以下是 2～3 歲（初期敘事期）寶寶的溝通語言遊戲發展指標，你觀察到了嗎？詳細說明可參考第 155 頁。

此時期的寶寶已經很會自己玩玩具，也開始能和同伴一起玩假想遊戲。父母在這個時期，可以隨意進出寶寶的遊戲：當寶寶需要協助時，加入遊戲；當寶寶能和同伴玩得很順利時，就做一個旁觀者吧！

ST說給你聽

2～3歲初期敘事期寶寶的遊戲祕訣：

- 觀察寶寶的興趣，**跟著寶寶的興趣玩**。當父母在陪玩時，要把自己變成寶寶，試著喚醒自己心中的小孩，盡情發揮想像與寶寶一起投入遊戲中，而不是只在旁邊觀看。如果寶寶喜歡超人，就和他玩英雄救人的故事；如果寶寶愛公主，就和她一起住在城堡裡面施展魔法！

- 每次給予寶寶一些**新的事物與經驗**。當寶寶總是玩同樣的遊戲，總是重複同樣的劇情時，父母可以適時加入遊戲，提供新的遊戲點子，例如：寶寶總是玩著醫師看診的例行遊戲時，父母可以自稱是病人加入遊戲：「喔～醫師，我的腿受傷了，你可以幫我的腿打石膏嗎？」為遊戲帶來新的刺激。然後，**適時退出**，記得只是短暫的玩一下，父母要適時離開遊戲，這樣寶寶才有再跟同伴一起玩的機會。

- **沒有同伴時，父母可以怎麼幫助寶寶呢？**父母在家可先確認寶寶和同伴都熟悉準備好的玩具和活動，並且事先和寶寶用不同的玩法玩遊戲，例如：餐廳遊戲，不只當老闆，也要嘗試當客人，這樣寶寶才會知道要怎麼對話和動作，也才會體認每一個角色都可以很有趣。

- **不要一次給太多玩具，熟悉的活動多玩個幾次。**父母可以為寶寶準備熟悉的玩具和活動，一次一種，並且事先和寶寶用不同的玩法玩個幾次，讓寶寶可以較容易和同伴發展出成功的遊戲經驗。

- 寶寶與同伴玩得很好時，父母可以開始離開他們一個距離（約10步），這樣的距離剛剛好也可以聽到他們的說話內容，讓他們單獨玩。當遊戲中斷時，父母可以立即加入遊戲，回到遊戲中協助寶寶與同伴一起重新玩在一起。

- 有時父母的陪伴是不夠的，當寶寶們在玩遊戲時，若因出現重複的溝通困難而卡住時，就需要父母**直接參與遊戲，示範溝通的方式**給寶寶們看，例如：當寶寶們一直在搶玩具，父母可以加入遊戲，示範輪流並說：「可以換我玩嗎？」或是寶寶們的假想遊戲因為角色分配問題無法持續時，父母可以加入遊戲並示範問：「我想當司機，你可以當乘客嗎？」

3歲寶寶的假想遊戲：加入許多想像與劇情，
喜歡跟同伴一起共享玩具，且願意等待輪流。

0～3歲寶寶的溝通語言遊戲發展指標

0～6個月：探索期	
溝通語言遊戲發展指標	可以觀察到的行為
1. 與父母有眼神接觸	• 能與父母四目相交。 • 能盯著看玩具幾秒鐘。
2. 會探索父母的身體或裝飾品	• 會抓父母的頭髮、臉、手，或是眼鏡、帽子。 • 會抓取眼前的玩具搖動或敲打。
3. 被逗弄時會以笑回應	• 聽到有趣的逗弄聲會笑。 • 玩搔癢遊戲時會笑。
4. 會玩躲貓貓遊戲	• 會把蓋在臉上的布抓下來，看見父母的臉會笑。 • 會把父母擋住臉的手拉下來。
5. 看見玩具時的反應變多	• 聽到玩具的聲音會轉頭尋找。 • 看見玩具時會出現伸手抓取的動作。

7～12個月：肢體手勢動作期	
溝通語言遊戲發展指標	可以觀察到的行為
1. 會故意把東西往下丟	• 丟出東西後會開心的對著父母笑。 • 把東西拋出去後會追視物品落地，然後看看父母的臉。
2. 能玩固定的互動遊戲	• 聽到「咯吱咯吱」的聲音，就知道父母要來搔癢，會出現預期的笑。 • 聽到媽媽說玩「炒蘿蔔」遊戲，會把手伸出來等待。
3. 會伸手討抱	• 會主動伸出雙手表達想被抱起。 • 在父母伸手要抱時，會伸手回應準備被抱起。
4. 能以食指指物要求物品	• 會指著食物表達想吃。 • 會指著玩具表達想玩。
5. 會模仿大人的動作與行為	• 學父母對著碗把食物吹涼的樣子。 • 學父母睡覺打呼的聲音。

13～18 個月：單詞期	
溝通語言遊戲發展指標	可以觀察到的行為
1. 會主動表達想玩遊戲的意圖	• 會主動伸出手或發出固定聲音表達需求，如「葡萄」，表達想玩「炒蘿蔔」遊戲。 • 拿著玩具盒給父母，以手勢、聲音或語音請父母幫忙打開。
2. 會依照玩具應該被玩的方式玩	• 在地板上推小汽車。 • 拿積木堆疊而不是啃咬。
3. 會玩來來回回的遊戲	• 能與父母維持幾個回合的丟接球遊戲。 • 能與父母輪流將毛巾蓋臉玩躲貓貓遊戲。
4. 一次只做一個假想動作	• 拿玩具電話給父母。 • 假裝餵泰迪熊吃紅蘿蔔。
5. 會用看起來像是真實物品的玩具玩假想遊戲	• 用玩具杯假裝喝水。 • 拿著積木假裝平板電腦。

19～24 個月：雙詞期	
溝通語言遊戲發展指標	可以觀察到的行為
1. 遊戲時會自言自語	• 會說出自己正在做的事情，例如：寶寶喝水。 • 會以旁白的方式敘述布偶的狀態，例如：暴龍咬雷龍。
2. 會對著他人或玩具玩假想遊戲	• 假裝把飲料拿給娃娃，然後拿給父母，然後再拿給泰迪熊。 • 假裝幫父母剪頭髮，然後幫小狗剪頭髮，再幫小貓剪頭髮。
3. 只進行平行遊戲	• 在同伴旁邊，玩相同的遊戲，但各玩各的。 • 在同伴旁邊，玩不同的遊戲。
4. 會假裝做出父母在家裡做的事	• 學爸爸打電腦。 • 學媽媽戴耳環。
5. 會將自己做的兩個不同的假裝動作合起來	• 假裝幫機器人沖水洗澡，然後假裝拿毛巾擦乾身體。 • 假裝是消防員，先拿水滅火，然後假裝救出困在火場裡的小貓。

2～3 歲：初期敘事期	
溝通語言遊戲發展指標	可以觀察到的行為
1. 不需任何物品即可玩假想遊戲	• 手上沒有任何東西時假裝在吃冰淇淋。 • 假裝自己是超人，在空中跳躍飛翔。
2. 喜歡和同伴一起玩，願意輪流等待	• 與同伴一起玩，且玩不同的玩具時出現交換玩具的行為。 • 與同伴一起玩時能一起操弄同一件玩具。
3. 會命名自己完成的作品	• 為自己畫的圖畫命名，例如：這是鱷魚。 • 將積木組合完成後命名，例如：這是城堡。
4. 會把玩具或物品假裝成完全不同的東西	• 用紅色紙當腮紅。 • 用大紙箱當車子。
5. 會將自己對他人或玩具做的兩個不同假裝動作合起來	• 餵泰迪熊吃東西，然後親泰迪熊一下，接著把泰迪熊放在床上睡覺。 • 抱著娃娃餵奶，然後幫娃娃擦嘴，接著再幫娃娃拍嗝。

肆、寶寶的讀寫萌發、社交溝通、語言遊戲發展指標

寶寶的

語言遊戲

社交溝通 發展指標

讀寫萌發

0〜6個月

讀寫萌發

- ☐ 對互動中的語言形式感到好奇
- ☐ 會用手或嘴開始探索書本
- ☐ 對語調和韻律的改變有反應
- ☐ 能看著說話的人，好像在聽
- ☐ 對文字尚無感覺

社交溝通

- ☐ 喜歡看人的臉與誇張表情
- ☐ 會用聲音、動作、表情來表達
- ☐ 對他人有社會性微笑
- ☐ 能區辨熟悉與不熟悉的人
- ☐ 會模仿父母的聲音、動作、表情

語言遊戲

- ☐ 與父母有眼神接觸
- ☐ 會探索父母的身體或裝飾品
- ☐ 被逗弄時會以笑回應
- ☐ 會玩躲貓貓遊戲
- ☐ 看見玩具時的反應變多

7～12個月

- ☐ 會主動參與看書活動
- ☐ 喜歡書
- ☐ 知道書本簡單的功能
- ☐ 明白書中圖片代表生活中的人事物
- ☐ 會模仿1～2個手勢動作或接唱

- ☐ 會模仿成人的聲音、動作、表情，一來一往互動
- ☐ 能用手勢動作（如指、拉、碰、推等）與他人溝通
- ☐ 會吸引他人注意去看他所看到的
- ☐ 能理解他人高興、生氣的情緒和表情
- ☐ 能用手勢動作表達謝謝、bye bye，點點頭表示同意

- ☐ 會故意把東西往下丟
- ☐ 能玩固定的互動遊戲
- ☐ 會伸手討抱
- ☐ 能以食指指物要求物品
- ☐ 會模仿大人的動作與行為

1～2歲

- [ ] 喜歡主導看書活動
- [ ] 對熟悉的書或歌曲中之語句押韻或節奏感到有興趣
- [ ] 會觀察父母怎麼看書或寫字
- [ ] 理解並熟悉書本中的簡單圖片或情節
- [ ] 會用手指出常見的文字或符號，也會嘗試拿筆塗鴉

- [ ] 能主動用口語加上聲音、手勢、動作表達需求
- [ ] 會展現同情和分享情感
- [ ] 能用短語向他人評論自己的想法
- [ ] 能聆聽他人說話後再接話，開始會簡單聊天
- [ ] 知道對話規則，會接1～2句話回應
- [ ] 會用眼神、肢體、手勢動作與聲音輔助口語，
      表達自己的感覺或想法

- [ ] 會主動表達想玩遊戲的意圖
- [ ] 會依照玩具應該被玩的方式玩
- [ ] 會玩來來回回的遊戲
- [ ] 一次只做一個假想動作
- [ ] 會用看起來像是真實物品的玩具玩假想遊戲

- [ ] 遊戲時會自言自語
- [ ] 會對著他人或玩具玩假想遊戲
- [ ] 只進行平行遊戲
- [ ] 會假裝做出父母在家裡做的事
- [ ] 會將自己做的兩個不同的假裝動作合起來

2～3歲

- ☐ 喜歡故事或知識小百科
- ☐ 理解簡單故事的事件情節
- ☐ 會用自己的話來重述故事
- ☐ 知道常見文字或符號的意義，且想嘗試寫或畫出來
- ☐ 會嘗試將看到的文字或符號唸出可能的發音

- ☐ 與他人一來一往對話能維持至少2～3次
- ☐ 開始會假裝說謊或開簡單的玩笑
- ☐ 耐心聆聽，不會打斷大人正在說的事情
- ☐ 能說出1～2個句子，並掌握說話主題
- ☐ 能理解他人的感受，並表達自己的感受
- ☐ 能理解與遵守簡單的遊戲規則
- ☐ 能看人、看場合調整自己說話的語氣或內容

- ☐ 不需任何物品即可玩假想遊戲
- ☐ 喜歡和同伴一起玩，願意輪流等待
- ☐ 會命名自己完成的作品
- ☐ 會把玩具或物品假裝成完全不同的東西
- ☐ 會將自己對他人或玩具做的兩個不同
  假裝動作合起來

作　者：黃瑞珍、鄭子安、李卉棋、黃艾萱、林姵妘
繪圖者：張簡育珊、廖國翔
•本海報之著作權屬心理出版社所有，侵害必究•

各單元參考文獻

壹、與世界接軌：寶寶的讀寫萌發

1. National Early Literacy Panel. [NELP] (2008). *Developing early literacy: A scientific synthesis of early literacy development and implications for intervention*. Author.

2. Clay, M. M. (1966). *Emergent reading behaviour*. Unpublished doctoral dissertation. University of Auckland, New Zealand.

3. Teale, W. H., & Sulzby, E. (1986). *Emergent literacy as a perspective for examining how young children become writers and readers*. Ablex.

4. 童寶娟（2017 年 6 月）。0～6 歲兒童語言／早期讀寫發展與親子共讀策略。社團法人台灣讀寫萌發協會【初階課程】。台北護理健康大學。

5. Neuman, S. B., Kaefer, T., Pinkham, A., & Strouse, G. (2014). Can babies learn to read? A randomized trial of baby media. *Journal of Educational Psychology, 106*(3), 815-830. doi:10.1037/a0035937

6. Weitzman, E., & Greenberg, J. (2010). *ABC and beyond: Building emergent literacy in early childhood settings*. Hanen Early Language Program.

7. Kuhl, P. K., Tsao, F. M., & Liu, H. M. (2003). Foreign-language experience in infancy: Effects of short-term exposure and social interaction on phonetic learning. *Proceedings of the National Academy of Sciences of the United States of America, 100*(15), 9096-9101. doi:10.1073/pnas.1532872100

8. Romeo, R. R., Segaran, J., Leonard, J. A., Robinson, S. T., West, M. R., Mackey, A. P., Yendiki, A., Rowe, M. L., & Gabrieli, J. D. E. (2018, September 5). Language exposure relates to structural neural connectivity in childhood. *Journal of Neuroscience, 38*(36), 7870-7877. doi:10.1523/JNEUROSCI.0484-18.2018

9. Crowe, L. K., & Reichmuth, S. S. (2001). *The source for early literacy development*. LinguiSystems, Inc.

10. Lovell, M., & Gosse, H. S. (2008). Caregiver narrative: Pre-reading development (25-36 months). In L. M. Phillips (Ed.), *Handbook of language and literacy development: A roadmap from 0-60 Months* [online] (pp. 1-7). Canadian Language and Literacy Research Network.

11. Wilson, K., & Katz, M. (2009). *Reading, literacy and auditory: Verbal practice.* (Workshop presentation)

12. Lüke, C., Ritterfeld, U., Grimminger, A., Liszkowski, U., & Rohlfing, K. J. (2017). Development of pointing gestures in children with typical and delayed language acquisition. *Journal of Speech, Language, and Hearing Research, 60,* 3185-3197.

13. Wang, X.-L., Bernas, R., & Eberhard, P. (2004). Engaging ADHD students in tasks with hand gestures: A pedagogical possibility for teachers. *Educational Studies, 30* (3), 217-229. https://doi.org/10.1080/0305569042000224189

14. Morgan, P. L., Farkas, G., Hillemeier, M. M., Hammer, C. S., & Maczuga, S. (2015). 24-month-old children with larger oral vocabularies display greater academic and behavioral functioning at kindergarten entry. *Child Development, 86*(5), 1351-1370.

15. Luria, A. R. (1929). The development of writing in the child. In M. Cole (Ed.), *The selected writing of A. R. Luria*(pp. 146-194) (published in 1978). M. E. Sharpe.

16. Applebee, A. N. (1978). *The child's concept of story.* University of Chicago Press.

17. Weitzman, E. (2017). *It takes two to talk: A practical guide for parents of children with language delays.* The Hanen Centre.

18. Weitzman, E., & Greenberg, J. (2002). *Learning language and loving It: A guide to promoting children's social, language, and literacy development in early childhood settings*(2nd ed.). The Hanen Centre.

19. Sussman, F. (2006). *TalkAbility: People skills for verbal children on the autism spectrum: A guide for parents.* Hanen Early Language Program.

20. Hughes, D. L., McGllivray, L., & Schmidek, M. (1997). *Guide to narrative language: Procedures for assessment.* Thinking Publications

21. 錡寶香（2009）。**兒童語言與溝通發展**。心理出版社。

22. Whitehurst, G. J., Falco, F. L., Lonigan, C. J., Fischel, J. E., DeBaryshe, B. D., Valdez-Menchaca, M. C., & Caulfield, M. (1988). Accelerating language development through picture book reading. *Developmental Psychology, 24*(4), 552-559. doi: 0012-1649/88/$00.75

23. Lever, R. (2008). *Discussing stories: Using a dialogic reading intervention to improve kindergartner's oral narrative construction.* Masters dissertation, Carleton University. https://curve.carleton.ca/system/files/theses/29146.pdf

24. Lever, R., & Sénéchal, M. (2010). Discussing stories: On how a dialogic reading intervention improves kindergartners' oral narrative construction. *Journal of Experimental Child Psychology, 108*(1), 1-24. doi:10.1016/j.jecp.2010.07.002

25. Zevenbergen, A. A., & Whitehurst, G. J. (2003). Dialogic reading: A shared picture book reading intervention for preschoolers. In A. V. Kleeck, S. A. Stahl, & E. B. Bauer (Eds.), *On reading books to children: Parents and teachers* (pp. 177-200). Lawrence Erlbaum Associates.

26. Lowry, L. (n.d.). *Sharing books with toddlers, the Hanen way.* http://www.hanen.org/Helpful-Info/Fun-Activities/Sharing-Books-with-Toddlers,-The-Hanen-Way.aspx

貳、與人群接軌：寶寶的社交溝通

1. American Speech-Language-Hearing Association. [ASHA](2018). *Social communication disorder.* https://reurl.cc/kZe24q

2. Owens, R. E. (2016). *Language development: An introduction.* Pearson.

3. Sample Gosse, H., & Gotzke, C. (2007). *Handbook of language and literacy development: A Roadmap from 0-60 months.* Retrieved from https://reurl.cc/2r9OM9

4. Russell, R. L. (2007). Social communication impairments: Pragmatics. *Pediatric Clinics, 54*(3), 483-506.

5. Prizant, B., Wetherby, A., & Roberts, J. (1993). Communication disorders in infants and toddlers. *Handbook of Infant Mental Health*, 260-279.

6. Rowland, C. (2013). *Handbook: Online communication matrix*. https://www.communicationmatrix.org/uploads/pdfs/handbook.pdf

7. Sussman, F. (2016). *More than words: A parent's guide to building interaction and language skills for children with autism spectrum disorder or social communication difficulties*. The Hanen Centre.

8. Clerkin, E. M., Hart, E., Rehg, J. M., Yu, C., & Smith, L. B. (2017). Real-world visual statistics and infants' first-learned object names. *Philosophical Transactions on the Royal Society B: Biological Science, 372* (1711).

9. Hwa-Froelich, D. A. (2015). *Social communication development and disorders*. Psychology Press.

10. Sussman, F. (2006). *TalkAbility: People skills for verbal children on the autism spectrum: A guide for parents*. The Hanen Centre.

11. Romeo, R. R., Leonard, J. A., Robinson, S. T., West, M. R., Mackey, A. P., Rowe, M. L., & Gabrieli, J. D. E. (2018). Beyond the 30-million-word gap: Children's conversational exposure is associated with language-related brain function. *Psychological Science, 29*, 700-710.

12. Hirsh-Pasek, K., Adamson, L. B., Bakerman, R., Tresch Owen, M., Michnick Golinkoff, R., Pace, A., Yust, P. K. S., & Suma, K. (2015). The contribution of early communication quality to low-income children's language success. *Psychological Science, 26*(7), 1071-1083.

參、與快樂接軌：寶寶的溝通語言遊戲

1. Casby, M. W. (2003). The development of play in infants, toddlers, and young children. *Communication Disorders Quarterly, 24*(4), 163-174.

2. Sussman, F. (2012). *More than words: A parent's guide to building interaction and language skills for children with autism spectrum disorder or social communication difficulties*. The Hanen Centre.

3. Weitzman, E. (2017). *It takes two to talk: A practical guide for parents of children with language delays*(5th ed.). The Hanen Centre.

4. Sosa, A. V. (2015). Association of the type of toy used during play with the quantity and quality of parent-infant communication. *JAMA Pediatrics, 170*(2), 132-138

5. BBC Earth Lab. (2018). *What are the effects of tablets and smartphones on babies' brains? | Babies: Their wonderful world.* https://www.youtube.com/watch?v=2VkNWLYD5c4

6. DeVeney, S., Cress, C. J., & Lambert, M. (2016). Parental directiveness and responsivity toward young children with complex communication needs. *International Journal of Speech-Language Pathology, 18*(1), 53-64.

7. Zero to Three. (2016). *How to play with babies.* https://www.zerotothree.org/resources/1080-how-to-play-with-babies

8. Hall, S., Rumney, L., Holler, J., & Kidd, E. (2013). Associations among play, gesture, and early spoken language acquisition. *First Language, 33*, 294-312.

9. Quinn, S., & Kidd, E. (2019). Symbolic play promotes non-verbal communicative exchange in infant-caregiver dyads. *British Journal of Developmental Psychology, 37*(1), 33-50.

國家圖書館出版品預行編目（CIP）資料

打造 0～3 歲寶寶的溝通語言能力：讀寫萌發、社
交溝通、語言遊戲／黃瑞珍, 鄭子安, 李卉棋, 黃
艾萱, 林姵妡著；張簡育珊, 廖國翔繪圖. -- 初版.
--新北市：心理出版社股份有限公司, 2022.01
    面； 公分. --（溝通魔法系列；65902）
    ISBN 978-986-0744-55-2（平裝）

1.育兒 2.語言訓練

428.85   110021806

溝通魔法系列 65902

打造 0～3 歲寶寶的溝通語言能力：
讀寫萌發、社交溝通、語言遊戲

作　　者：黃瑞珍、鄭子安、李卉棋、黃艾萱、林姵妡
繪圖者：張簡育珊、廖國翔
責任編輯：郭佳玲
總編輯：林敬堯
發行人：洪有義
出版者：心理出版社股份有限公司
地　　址：231026 新北市新店區光明街 288 號 7 樓
電　　話：(02) 29150566
傳　　真：(02) 29152928
郵撥帳號：19293172　心理出版社股份有限公司
網　　址：https://www.psy.com.tw
電子信箱：psychoco@ms15.hinet.net
排版者：辰皓國際出版製作有限公司
印刷者：上海印刷廠股份有限公司
初版一刷：2022 年 1 月
I S B N：978-986-0744-55-2
定　　價：新台幣 350 元